ÉTUDES SUR LE FROTTEMENT

LE GRAISSAGE DES MACHINES

ET LES LUBRIFIANTS

ÉTUDES
SUR LE FROTTEMENT
LE GRAISSAGE DES MACHINES
ET LES LUBRIFIANTS

DÉTERMINATION DES LOIS ET DES COEFFICIENTS DE FROTTEMENT

Par de nouvelles Méthodes et au moyen de nouveaux Appareils

PAR ROBERT H. THURSTON
Professeur de mécanique à l'Institut technologique Stevens, etc.

TRADUCTION PAR M. B.

REVUE ET ANNOTÉE

PAR M. N. JARRY
Ingénieur des Arts et Manufactures,
Professeur de Technologie aux cours de la ville de Paris.

Deuxième édition française

PARIS
BERNARD TIGNOL, ÉDITEUR
LIBRAIRIE SCIENTIFIQUE, INDUSTRIELLE & AGRICOLE
53 *bis*, QUAI DES GRANDS-AUGUSTINS, 53 *bis*.

PRÉFACE

Les expériences dont cette monographie est le résumé résultent d'essais faits sur la demande d'une commission de membres de l'Association des carrossiers; plusieurs de ces résultats étaient déjà parfaitement connus, d'autres seulement ont été publiés à la suite d'une conférence faite dans le local de l'Association, à New-York, le 20 décembre 1877.

Depuis cette époque, de nouvelles recherches ont été faites, et les résultats des expériences exécutées dans la laboratoire de mécanique de l'Institut de technologie Stevens, que l'on donne ici, présentent, à mon avis, un résumé fort complet de toutes les connaissances sur ce sujet très important pour l'ingénieur.

ROBERT H. THURSTON, A. M. C. E.

Professeur de Mécanique à l'Institut technologique Stevens,
Membre de la Société Américaine des Ingénieurs civils,
de l'Institut des Ingénieurs des Mines,
de l'Académie des Sciences de New-York, etc., etc.

ÉTUDE

SUR LE FROTTEMENT, LE GRAISSAGE

ET LES LUBRIFIANTS

---

1. — Le frottement est une résistance qu'on observe toutes les fois que deux corps (ou molécules) solides, liquides ou gazeux, se meuvent l'un sur l'autre. Il y a trois sortes de frottements appelés résistance au roulement ou au glissement avec les solides, et frottement fluide avec les liquides et les gaz. Différentes lois les régissent et l'exposé de ces lois, tel qu'on le trouve habituellement dans divers traités de mécanique, nécessite probablement quelques modifications.

2. — *Résistance au roulement.* — Coulomb a déterminé le premier les lois de ce frottement et il a trouvé que, aussi longtemps que le rouleau et la surface sur laquelle il se meut ne sont pas modifiés ou altérés, la résistance est proportionnelle à la charge et inversement proportionnelle au diamètre du rouleau.

Coulomb et différents auteurs ont, comme on le verra plus loin avec détails, établi la formule :

$$R = f\frac{P}{r}$$

dans laquelle R est la résistance en kilogrammes appliquée à la circonférence du rouleau ; P le poids total en kilogrammes ; r, le rayon du rouleau et f un coefficient très variable et égal à environ 0,06 pour les bois et 0,005 pour les métaux.

Quand la pression devient assez grande pour écraser les fibres du bois, le frottement s'accroît très irrégulièrement et ne peut être estimé avec exactitude.

Des expériences similaires à celles exécutées par Coulomb, en 1781, furent faites par le général Morin au Conservatoire des Arts et Métiers à Paris. Dans ces expériences, des rouleaux de chêne de $0^m,23$ de diamètre étaient employés sous de petites charges et se mouvaient sur des traverses en peuplier. Les conclusions du général Morin furent que la résistance est proportionnelle à la pression, et inversement proportionnelle au diamètre du rouleau, ce qui donne la même formule que ci-dessus :

$$R = f \frac{P}{r} ;$$

mais il constata aussi que la résistance augmente lorsque la surface de portée diminue.

Avec une portée de 0^m20 et des charges de 160 à 200 kilogr., la valeur de f était, en moyenne, de 0,002874 ; avec une portée de $0^m,25$ de largeur totale et des charges de 170 à 200 kilogr., la valeur était de $f = 0,006374$.

3. — Les mêmes lois furent trouvées par Morin, vers 1840, applicables aux véhicules, avec peu de modifications. Il établit que :

1° Sur les voies pavées ou macadamisées, la résistance est proportionnelle au poids total de la charge et du véhicule, inversement proportionnelle au diamètre des roues et indépendante de la largeur de jante. Elle s'accroît avec la vitesse.

2° Dans un terrain peu solide la résistance diminue lorsque la largeur de jante augmente et n'est pas affectée par la vitesse ;

3° La direction du tirage doit être horizontale.

Les conclusions relatives au frottement sur les routes solides sont aussi applicables aux chemins de fer.

Il suit de là que les roues doivent être faites aussi grandes que possible [1], et la largeur de la jante doit être suffisante pour empêcher l'écrasement des matériaux.

Morin a trouvé que les voitures à quatre roues sont préférables à celles n'en ayant qu'une seule paire [2]. La valeur de f pour les chariots est, dans un terrain peu solide, de 0,065 environ ; mais, dans des conditions très favorables, elle devient $f = 0,02$.

Cette valeur peut être prise pour le frottement de mouvement sur les routes macadamisées, ou dont le pavé est assez uni.

4. — Des expériences récentes avec les voitures de construction nouvelle ont donné les résultats qui suivent :

M. Dupuit a trouvé que la résistance à la traction des chariots sur les routes macadamisées est directement proportionnelle au poids total, inversement proportionnelle à la racine carrée du diamètre des roues, et qu'elle n'est pas modifiée par les changements de vitesse, ni par la largeur de jante. Sur les chemins pavés, la résistance augmente lorsque, par suite de la grande vitesse, il se produit des secousses, et elle diminue lorsqu'on augmente la largeur de la jante.

M. Debauve (1873) a trouvé que les résistances sur les routes macadamisées varient de 32 kilogr. par tonne (1,000

1. M. Joseph Cox fit, vers 1850, des roues de 6 pieds ($1^m,83$) de diamètre pour de lourds chariots et cela sans trop de difficultés.

2. Voyez *Expériences sur le tirage des voitures*, etc. A. Morin, 1842.

kilogr.) pour les lourds chariots, à 36 kilogr. pour les voitures, de 18 à 36 kilogr. sur les routes pavées, pour les mêmes sortes de véhicules.

M. Tresca a trouvé que la résistance d'un omnibus parcourant 16 kilomètres à l'heure, est de 36 à 38 kg. par tonne sur les routes macadamisées, et de 29 à 31 kg. sur les chemins pavés.

Le tirage des lourds chariots s'élève souvent à 0,10 et est rarement au-dessous de 0,07 dans les terres molles comme les champs.

Une commission de la Société des Arts a trouvé qu'un omnibus chargé présente, sur différentes routes, une résistance[1] de :

Pavage.	Vitesse.	Résistance.
De granit.	4 k 6	7 k 8
D'asphalte	5 7	12 1
De bois	5 4	18 6
De macadam (gravier et sable).	5 6	19 8
— granit nouvellement empierré	5 7	45 »

Clarke déduisit, d'après des expériences, la formule[2]

$$R = 30 + 4\,v + \sqrt{10\,v},$$

dans laquelle la résistance R est donnée en kilogrammes par tonne, la vitesse v étant prise en kilomètres par heure et la route étant supposée bien macadamisée. Le même auteur établit qu'un bon cheval de trait flamand travaillera à raison de 35 971 080 kilogrammètres par jour, pendant

1. Voyez Clarke : *Manual for mechanical Engineers*, 1877.
2. *Manual*, page 934.

l'été, et de 45 781 370 en hiver, soit une moyenne de 40 876 225 pour l'année.

5. — La résistance au frottement des trains de chemins de fer consiste principalement en un frottement de roulement, le frottement de glissement des tourillons des essieux dans leurs portées ne représentant qu'une minime proportion de la résistance totale, lorsqu'il fonctionne dans de bonnes conditions. Un train de chemin de fer, en bon état et sur une voie en bon état, ne serait à l'abri d'un départ provoqué par l'action de la gravité seule, qu'autant que la pente serait inférieure à $3^m,40$ ou $3^m,80$ par kilomètre ; une fois parti, il continuerait sa marche sur des pentes de $2^m,45$. Dans ces conditions et à la vitesse peu rapide due à une inclinaison si légère, le frottement des tourillons et des boudins peut probablement être négligé. Le coefficient de frottement de roulement, pour des trains en bon état, est alors $\frac{13}{5208}$ ou à peu près 0,0025.

Ce dernier chiffre est le minimum habituellement employé par les ingénieurs dans l'estimation de la résistance des trains, le frottement des tourillons et des boudins compris.

Cette partie du frottement de roulement est la même à toutes les vitesses.

La résistance au départ, comme on l'a vu ci-dessus, est de beaucoup en excès sur le frottement, pendant le mouvement. Elle se compose, en grande partie, du frottement des tourillons et a pour mesure $\frac{20}{5280} = 0,003788$.

La résistance d'une locomotive est beaucoup plus grande que celle du train et est d'environ 0,005 en y comprenant les résistances dues au mouvement des organes.

La résistance au roulement est habituellement surmontée

par une force appliquée, soit à l'axe de la roue, comme dans les voitures, les chariots, soit quelquefois à la circonférence. Dans ce dernier cas, le « moment » de la force appliquée est plus grand et l'intensité correspondante acquise réduite à la moitié de celle qu'il faudrait dans le premier.

Quand les tourillons sont supportés par des galets, le frottement de roulement, produit par ce fait, doit être ajouté à la résistance totale ; mais, le frottement de glissement du tourillon est réduit à peu près dans le rapport du diamètre des galets au diamètre du tourillon de ces derniers. Le travail total du frottement, qui est le produit de la résistance par la distance parcourue, est alors beaucoup réduit. Dans certaines circonstances où la résistance est augmentée, il y aurait encore une économie de force, si le travail produit par le frottement pouvait être, en même temps, diminué dans une grande proportion.

La résistance totale sur les chemins de fer, dans les conditions ordinaires, est donnée, comme suit, par Clarke.

Pour le train seul :

$$R = 6 + \frac{v^2}{240}$$

pour la machine et le train,

$$R = 8 + \frac{v^2}{171}$$

Dans les tramways installés dans les villes, la résistance des voitures est plus grande et quelquefois quadruple de celle des chemins de fer. Hughes a constaté, sur un tramway anglais, une résistance de 11,6 kg. par tonne. Sur les chemins de fer, la résistance au roulement est beaucoup augmentée par celle de l'air qui, en kilogrammes par mètre carré de surface exposée, s'élève à 0,005 du carré de la vitesse en kilom. par heure, avec laquelle l'air rencontre la tête du train. Les vents de côté augmentent souvent la résistance au frottement des boudins, nécessitant, par suite, une force de traction supplémentaire.

Le tableau suivant donne un résumé des coefficients de frottement de roulement, c'est-à-dire la valeur de f dans la formule :

$$R = f \frac{P}{r}$$

dans laquelle R est la résistance, P le poids total et r le rayon de la roue du tambour.

Nature de la route	Valeur de .
Nouvellement empierrée avec sable et gravier. .	0,067
Empierrée, conditions ordinaires.	0,05
Bien pavée.	0,02
Dure, terrain uni.	0,02
Bien macadamisée et roulée.	0,015
Pavage uni, en bois.	0,01
Chemin de fer ordinaire.	0,003
— voie dans de bonnes conditions. .	0,002
— le mieux installé possible. . . .	0,001

6. — La résistance des trains dans les courbes a été étudiée plus récemment par M. S. Whinery, qui a déduit, pour la résistance totale, la formule suivante [1] :

$$R = D \frac{g + l}{25} + a n$$

dans laquelle R est la résistance totale, D le nombre de de-

1. *Trans. Am. Soc. C. E.*, avril 1878.

grés de la courbe, g la largeur de la voie, l la longueur de base rigide des roues, a et n des quantités indiquant des résistances dues à des conditions accidentelles et irrégulières.

La résistance est inversement proportionnelle au rayon de la courbe, proportionnelle à la charge et à peu près indépendante de la vitesse.

La surélévation du rail extérieur doit être, suivant Whinery :

$$E = 419 \frac{\frac{V^2}{32.3\,R}}{\sqrt{1 + \frac{V^2}{1036.8\,R^2}}}$$

Cette formule donne $0^m,15$ pour une courbe de 10°, à raison de 48 kilomètres à l'heure ou, pour une courbe de 3°, avec une vitesse de 96 kilomètres sur la voie type de $1^m,45$.

A 40 kilomètres par heure, quand, par suite des courbes, la résistance s'accroît d'environ $0^k,2$ par degré et par tonne, Chanute [1] analyse ainsi cette augmentation .

Due à la torsion des roues.	0,0005
— au glissement.	0,0856
— au frottement des boudins.	0,1225
— à la perte des accouplements.	0,0107
	0,2193

Des roues folles diminuent cette perte de 20 ou 25 0/0. La forme rigide de la base des roues des voitures et locomotives américaines double l'augmentation due aux courbes et accroît la résistance en ligne droite.

1. *Trans. Am. Soc. C. E.*, avril 1878.

La conicité des roues augmente quelque peu la résistance. Suivant Chanute, cette augmentation est de $0^k,055$ à $0^k,110$ par degré de courbe et par tonne.

7. — On peut mentionner ici le frottement des cordes ou, pour mieux dire, la résistance due à la roideur, par suite de la flexion des cordes employées sur les poulies et dans les palans, bien que ce ne soit pas une véritable friction.

La théorie de cette résistance, qu'on attribue à la roideur des cordages, est trop compliquée pour être donnée ici. La formule suivante en donne une valeur approximative. R étant la résistance en kilogrammes, T la tension de la partie de la corde qui s'enroule, d le diamètre de la corde en centimètres et D celui de la poulie, on a pour les :

Cordes en chanvre :

$$R = 0,65\ T \frac{d^2}{D}.$$

Câbles métalliques :

$$R = 1,50\ T \frac{d^2}{D}.$$

8. — *Frottement des tourillons.* — Dans les cas ordinaires, comme par exemple celui de tourillons placés dans des coussinets bien graissés, le frottement est probablement combiné avec d'autres résistances et, par conséquent, les lois du frottement, déterminées par l'expérience sur les tourillons, sont tout à fait différentes des lois de frottement des solides, exposées dans les aides-mémoires.

En fait, ainsi qu'on le verra, la résistance des tourillons, tournant dans leurs coussinets, suit une loi, non seulement très différente de celles données jusqu'ici ; mais, avec des vitesses et des pressions ordinaires, la résistance diffère énormément de celle indiquée dans les formulaires des ingénieurs et des mécaniciens.

9. — Le frottement des fluides varie proportionnellement au carré de la vitesse : il est proportionnel à la surface frottante et, probablement, indépendant de la pression. Dans plusieurs centaines d'expériences, avec des pressions variant de $0^k,350$ à $19^k,3$ par centimètre carré, j'ai trouvé que le frottement des tourillons, bien lubrifiés, variait dans des proportions telles que la loi qui régit de tels cas est tout à fait différente de celle qui s'applique aux corps solides et j'en ai alors déduit ce qui est exposé ci-dessous.

Quant un lubrifiant est interposé entre les surfaces frottantes d'un tourillon et de son coussinet, ou entre une surface plane glissante et son support, s'il agit effectivement, il forme un coussin fluide, séparant plus ou moins parfaitement les surfaces, suivant qu'il est plus ou moins visqueux et que sa capillarité est plus ou moins grande ; il donne ainsi à la résistance au mouvement un caractère plus ou moins marqué de frottement fluide.

Alors, les mêmes matériaux, lubrifiés avec la même substance, sous une pression légère, offrent une résistance variant approximativement, suivant la loi du frottement des fluides, tandis que, sous des charges relativement fortes, elle peut suivre les lois du frottement des solides pour des pressions variant entre ces limites, la résistance présentera un caractère intermédiaire.

10. — Le coefficient de frottement de glissement, ou le rapport de la résistance à la pression totale, par suite du glissement de deux solides l'un sur l'autre (mesure habituelle du frottement), varie proportionnellement à la pression et est indépendant de la vitesse du mouvement et de l'étendue des surfaces en contact.

Le « frottement de repos », ou résistance au départ, est plus grand que le « frottement de mouvement », mais il est soumis aux mêmes lois. Celles qu'on vient d'énumérer ne doivent être admises qu'avec restriction. Elles deviennent fausses lorsque la pression est assez forte pour produire une dépression sur les surfaces frottantes ou pour les roder.

Le frottement devient plus grand que ne l'indique la formule lorsque la pression devient assez faible pour que la résistance soit principalement due à la viscosité de la substance interposée ; il se comporte alors tout différemment. Entre ces limites, la résistance due au frottement entre des solides dont les surfaces en contact sont lubrifiées, participe des deux règles ci-dessus.

Jusqu'à présent, on a décrit deux moyens pratiques de mesurer le frottement et d'en déterminer les coefficients pour les solides, savoir :

1° Placer les deux corps dans une position telle que les surfaces frottantes soient horizontales ; charger le corps supérieur d'un poids quelconque et appliquer ainsi une force qu'on peut mesurer, soit au moyen de poids, soit au moyen d'un dynamomètre.

Le poids du corps supérieur et de sa charge étant représenté par P, et la force appliquée par F, le coefficient de frottement est le rapport entre ces quantités et nous avons $f = \frac{F}{P}$. Cette valeur de f peut être plus petite que 10/0 ou s'élever à 50 0/0, suivant la nature des matériaux et leurs conditions de graissage.

2° L'autre méthode est également d'une application facile. On pose un solide sur l'autre et on les incline légèrement jusqu'à ce que le supérieur glisse sur celui qui le supporte. La tangente de l'angle est le coefficient de frottement et il y a simplement à mesurer la hauteur d'un point de la surface sur laquelle le glissement a lieu et la distance horizontale partant de la verticale passant par ce point, jusqu'à la rencontre du plan oblique. En divisant la hauteur par la base, le résultat donne la valeur du coefficient de frottement.

Dans les conditions ordinaires, l'ingénieur ou le physicien calcule la résistance due au frottement de glissement, comme la résistance au roulement, en multipliant le poids du corps glissant ou roulant par un coefficient ou facteur dont la valeur a été déterminée, dans certains cas généraux, par l'expérience.

Pour l'emploi du coefficient de frottement, il n'y a qu'à se rappeler que la charge ou pression, multipliée par le coefficient, donne la mesure de la résistance au glissement, et que cette dernière quantité, divisée par le coefficient, donne la mesure de la pression ou de la charge.

On peut démontrer comme il suit, que la tangente de l'angle formé par l'horizontale et un plan sur lequel un corps commence à se mettre en mouvement sous la seule action de la pesanteur, et que la tangente de l'angle pour lequel la vitesse est uniforme, mesurent respectivement les valeurs des coefficients de repos et de mouvement.

Soient $\alpha =$ l'angle,
$P =$ le poids supporté,
$R =$ la pression entre les deux surfaces,
$f =$ la valeur du coefficient.

La résistance au frottement, mesurée parallèlement à la surface du plan incliné, sera fR et nous aurons :

$$fR - P \sin \alpha = 0$$
$$R - P \cos \alpha = 0$$

D'où

$$f \cos \alpha - \sin \alpha = 0$$

et

$$f = \text{tang } \alpha.$$

Les deux propositions suivantes montrent l'application mathématique des principes du frottement.

1° Soient à déterminer les rapports limites de E à P, le frottement agissant en haut ou en bas du plan, E représentant l'effort exercé sur les corps glissants, P son poids et R la réaction du plan.

Puisqu'il existe un équilibre des forces où P agit verticalement, R agit perpendiculairement à la surface du plan incliné et P dans une direction donnée, faisant un angle B avec le plan, nous aurons pour le maximum :

$$E \cos \beta - fR - P \sin \alpha = 0$$
$$E \sin \beta + R - P \cos \alpha = 0$$

D'où :

$$E = \frac{P (\sin \alpha + f \cos \alpha)}{\cos \beta + f \sin \beta}.$$

2° Pour une valeur minimum, nous aurons :

$$E \cos \beta + fR - P \sin \alpha = 0$$
$$E \sin \beta + R - P \cos \alpha = 0$$

$$E = \frac{W (\sin \alpha - f \cos \alpha)}{\cos \beta - f \sin \beta}.$$

11. — Les plus anciennes expériences sur cet important sujet ont été faites par Amoutons, qui les a publiées, en

1699, dans les Mémoires de l'ancienne Académie des sciences : il a trouvé pour valeur du coefficient 0,33, ou un tiers, quand les surfaces frottantes étaient enduites de saindoux ; cette valeur est beaucoup trop élevée pour les conditions ordinaires. Coulomb, officier du génie et membre de l'Institut, a fait connaître, en 1781, les résultats d'expériences qui étaient plus complètes et plus exactes et au moyen desquelles il a déterminé le frottement de repos et celui de mouvement. Il a établi que le frottement est proportionnel à la pression, indépendant de l'étendue des surfaces frottantes et de la vitesse et a prouvé que le frottement au départ est plus grand que pendant le mouvement.

Les séries d'expériences les plus complètes sur ce sujet sont celles du général Morin. Quoique datant de 1831 à 1834, les résultats font autorité et sont encore généralement adoptés aujourd'hui [1].

L'appareil consistait en une boîte, qu'on pouvait charger de poids à volonté, glissant sur des madriers et mue par un poids attaché à une corde passant sur une poulie. La traction était mesurée et inscrite par un dynamomètre enrégistreur, fixé à la corde de la boîte, et qui donnait des courbes graphiques représentant les variations et la résistance provenant du frottement. Les courbes, ainsi inscrites, étaient des paraboles, ce qui prouvait que, pour de petites pressions et pour les vitesses adoptées, le frottement était constant et indépendant de la vitesse. On a reconnu qu'il était proportionnel à la pression et indépendant de l'étendue des surfaces de contact. La même loi s'appliquait à la résistance au départ, relativement à la pression et aux surfaces.

1. Voyez *Mémoires de l'Académie des Sciences de Paris*, Recueil des savants étrangers, vol. IV et V.

Le plus léger choc suffisait souvent pour réduire le frottement de départ à celui de mouvement. On a trouvé aussi que les corps diminuaient le frottement, mais sans changer la loi ; l'eau fut trouvée sans valeur comme lubrifiant. Le frottement, pendant le choc, fut, autant qu'on peut le déterminer, sujet aux mêmes lois.

Les pressions employées dans ces expériences étaient généralement faibles et donnaient, par conséquent, au coefficient de frottement, des valeurs très élevées qu'on atteint rarement dans l'application ordinaire.

12. — L' « angle de frottement » ou l' « angle de repos » ou « angle limite de frottement », (car on lui donne ces différents noms) est celui dont la tangente est le coefficient de frottement.

Il mesure l'inclinaison du plan pour laquelle le corps se mettrait en mouvement ou conserverait uniforme la vitesse acquise, suivant que le coefficient est celui de repos ou celui de mouvement. Le frottement est quelquefois mesuré par l'emploi d'un plan disposé de telle façon qu'on en peut facilement déterminer l'angle d'inclinaison expérimentalement.

13. — *Coefficients de frottement.* — Le tableau suivant donne la valeur de ces coefficients, d'après les autorités les plus compétentes.

MATÉRIAUX.	ÉTAT DES SURFACES	f	Angle de frottement
Brique sur calcaire.....	sèches..................	0,67	33° 50'
Fonte sur fonte	légèrement graissées.	0,16	9° 6'
Fonte sur chêne........	humides	0,65	33° 2'
Cuivre sur chêne........	....	0,17	9° 38'
—	graissées..............	0,11	6° 17'
Cuir sur fonte	....	0,28	15° 39'
—	humides	0,38	20° 49'
—	huilées..................	0,12	6° 51'
Cuir sur chêne..........	fibres parallèles	0,74	36° 30'
—	fibres perpendiculaires.	0,47	25° 11'
Chêne sur chêne........	fibres parallèles, surfaces sèches......	0,62	31° 48'
—	fibres croisées, surfaces sèches......	0,54	28° 22'
—	fibres parallèles, surfaces savonnées..	0,44	23° 45'
—	fibres croisées, surfaces humides....	0,71	35° 23'
—	fibres verticales, surfaces sèches......	0,43	23° 16'
—	fibres parallèles, surfaces graissées ...	0,07	4° 6'
—	graissées et lourdement chargées....	0,15	8° 45'
Chêne sur sapin	fibres parallèles	0,67	33° 50'
Chêne sur calcaire	fibres en bout.........	0,63	27° 15'
Chêne sur corde en chanvre	fibres parallèles	0,80	38° 40'
Sapin sur sapin	fibres parallèles	0,56	29° 45'
Sapin sur chêne.........	fibres parallèles	0,53	32° 56'
Granit uni sur granit brut................	....	0,66	33° 26'
Pierre sur argile sèche.	....	0,51	27° 2'
Pierre sur argile humide	....	0,34	18° 47'
Fer sur chêne...........	....	0,62	31° 48'
—	humides	0,65	33° 2'
Fer sur fer................	....	0,28	15° 39'
Fer sur fonte.............	....	0,19	10° 46'
Fer sur calcaire..........	....	0,49	26° 7'
Bois sur métal	graissées..............	0,10	6° 0'
Bois sur pierre unie....	sèches	0,58	30° 7'
Bois sur terre............	sèches	0,33	18° 15'

14. — G. Rennie, dans les expériences qu'il a faites, en

1820, a observé quelques faits dont Morin ne parle pas ; il conclut ainsi [1] :

1° Les lois du frottement de glissement varient suivant la nature des corps frottants ;

2° Le frottement des corps, de nature fibreuse, est accru par l'augmentation de l'étendue des surfaces et par la durée du contact : il est diminué par l'augmentation de pression et de vitesse ;

3° Avec le bois, le métal et les pierres, mais jusqu'à la limite du grippement, le frottement ne varie qu'avec la pression et est indépendant de l'étendue des surfaces, de la durée de contact et de la vitesse ;

4° La limite de grippement est déterminée par la dureté du plus mou des deux corps en frottement ;

5° Le frottement est plus grand avec les matériaux tendres et plus faible avec les corps durs ;

6° Le frottement des surfaces lubrifiées est déterminé plutôt par la valeur du corps lubrifiant que par celle des solides eux-mêmes.

Le tableau suivant donne les valeurs du coefficient de frottement de repos par des charges sur les métaux jusqu'à la limite du grippement.

1. *Philosophical transactions*, 129, page 1869.

FROTTEMENT DE REPOS

PRESSION en kilogrammes par mètre carré.	VALEURS DE f			
	Fer sur fer	Fer sur fonte.	Acier sur fonte	Bronze sur fonte.
131,220.	0,25	0,28	0,30	0,21
157,460.	0,27	0,29	0,33	0,22
236,200.	0,31	0,33	0,35	0,21
314,932.	0,38	0,37	0,35	0,21
393,664.	0,41	0,37	0,36	0,23
472,396.	grippement	0,38	0,40	0,23
551.128.	»	grippement	grippement	0,23

16. — *Frottement de rodage ou de grippement.* — Dès que le rodage commence, le coefficient augmente à mesure que la pression s'accroît. La pression à laquelle cet accroissement commence à être perceptible est seulement de 562 kg. par centimètre carré pour l'étain pur. Rennie, employant de l'acier à outils, trouva que le grippement avait lieu lorsque la pression s'élevait à 1570 kg. par centim. carré. Il remarqua que la propriété de l'acier de durcir par la trempe et son grand pouvoir de résistance au rodage rendaient son emploi supérieur à celui de tous les métaux, pour certains instruments de précision, tels que les pendules et balances où cette propriété est essentielle.

Le même expérimentateur, parmi d'autres recherches, a déterminé le frottement de la glace sur la glace; il a trouvé qu'elle variait de 12 1/2 pour cent avec une pression de $4^k,5$ par centimètre carré jusqu'à 1/2 pour cent lorsque la pression s'élevait à 633 gram. par cent. carré.

Après seize heures de contact, le frottement n'avait pas changé, se maintenant toujours à cette limite inférieure, mais s'élevait à 4 pour cent par la pression plus forte.

Le frottement des patins d'acier était de 4 pour cent pour une pression de 140 grammes par centimètre carré, tandis qu'il n'était que de 1 1/2 pour cent pour une pression de 14 kilogr.

17. — *Frottement des freins et des rails.* — Les expériences les plus concluantes sur le frottement des métaux non lubrifiés et sous de fortes pressions sont probablement celles faites sur les chemins de fer, par suite de l'emploi des freins continus. Les données les plus communément employées pour l'estimation de l'adhérence des machines sont celles que l'on trouve dans le carnet de Molesworth et qui sont reproduites ci-dessous :

Adhérence par tonne de charge sur les roues motrices :

Quand les rails sont très secs.	268k
— — très humides	245
Dans un temps ordinaire (Angleterre). . . .	201
Par un temps brumeux, lorsque les rails sont « gras ».	134
Par un temps très froid ou neigeux	89

Si ces chiffres sont employés, on trouvera que, pratiquement, une locomotive peut, à une vitesse modérée et dans des circonstances favorables, traîner une charge plus lourde et que, à de grandes vitesses, elle pourra tirer autant que les chiffres l'indiquent. — Une conséquence de ce fait est que la résistance est affectée par la vitesse, aussi bien que par la pression et la température. On a, sur le chemin de fer de Paris-Lyon-Méditerranée, fait une série d'expériences avec un wagon (probablement à quatre roues) dont les freins étaient serrés de façon à enrayer les roues. La résistance à la traction, au frottement sur les rails, à différentes vitesses, fut trouvée comme il est indiqué dans le tableau suivant :

Wagon vide 3 tonnes 45 — Vitesse du wagon — Kilomètres par heure	ÉTAT DES RAILS			
	Secs	Très secs	Humides	Secs ou mouillés
	Coefficient de frottement Poids = 1	Coefficient de frottement Poids = 1	Coefficient de frottement Poids = 1	Coefficient de frottement Poids = 1
klm klm				
14, 5 à 22, 5	0,208			0,201
22, 5 — 29	0,179	0,216		0,182
29 — 35, 5	0,167		0,110	0,175
35, 5 — 48		0,222		0,162
48 — 64, 5	0,144	0,202		
64, 5 — 80, 5		0,187	0,083	0,136

D'après ces expériences, on voit que le frottement sur des rails secs à une vitesse de 14 k. 5 à 22 k. 5, par heure est d'environ 1/5 de la charge, tandis que de 48 kilom. à 64 k. 5 par heure, il est de moins de 1/8 [1].

Le tableau suivant donne les résultats obtenus par le capitaine Galton et M. Westinghouse pour le frottement des roues sur les rails, avec roues à bandages d'acier et sur rails d'acier.

1. *Railroad Gazette*, 20 septembre 1878.

Vitesse moyenne en kilomètres par heure	Coefficient de frottement, pendant les trois premières secondes
16 klm	0,110
24	0,087
40	0,080
61	0,057
72	0,051
80,5	0,040

En comparant ces deux tableaux, on voit que les résultats diffèrent énormément et que les coefficients indiqués par Poirée sont presque le double de ceux donnés par le capitaine Galton. Ces deux auteurs s'accordent toutefois à reconnaître que le frottement diminue très rapidement lorsque la vitesse augmente [1].

En appliquant les coefficients des deux tables précédentes au calcul de l'adhérence des roues de locomotive et en disposant les résultats sous la forme indiquée par Molesworth, nous aurons le tableau suivant dans lequel nous avons employé pour faire les calculs [2] les coefficients donnés dans la seconde colonne de la table de Poirée.

1. *Railroad Gazette*, 20 septembre 1878.

2. Les coefficients pour la vitesse de 35,5 à 48 kilom. et de 64,5 à 80,5 kilom. par heure n'étant pas donnés dans ces colonnes, on a employé pour les calculs les quantités approximatives de 0.156 et 0.133.

ADHÉRENCE PAR TONNE DE CHARGE SUR LES ROUES MOTRICES

D'après Poirée		D'après Galton et Westinghouse	
Vitesse en kilomètres par heure	Adhérence	Vitesse en kilomètres par heure	Adhérence
	k		k
14,5 à 22,5	211,65	16 klm	110,62
22,5 — 29	181,61	24	88,21
29 — 35,5	169,42	40	81,18
35,5 — 48	158,28	61	57,80
48 — 64,5	146,09	72,5	51,73
64,5 — 80,5	134,94	80,5	40,59

Les résultats obtenus d'après les données de Poirée pour des vitesses faibles ne diffèrent pas sensiblement de ceux obtenus par Molesworth.

Les expériences de Galton-Westhingouse montrent aussi que le frottement des sabots de freins sur les roues suit la même loi que celui des roues sur les rails.

Le tableau suivant donne les importants résultats obtenus[1] :

Vitesse moyenne		Coefficient de frottement entre les sabots en fonte des freins et les bandages des roues en acier			
mètres par seconde	kilomètres par heure	3 premières secondes	5 à 7 secondes	12 à 16 secondes	24 à 25 secondes
2,1	8	0,360	0,209		
4,2	16	0,320			
10,6	32	0,265	0,475	0,248	0,070
13,6	48	0,184	0,111	0,098	
17,6	64	0,134	0,100	0,090	
19,8					
22,2	80	0,100	0,070	0,056	
26,8	96	0,062	0,051	0,048	0,043

1. *London Engineering*, 24 août 1878.

Le coefficient avec des sabots en fer était, pour 9 kilom. par heure, de 0,170 ; pour 50 kilom. 0,129 ; pour 78 kilom. 0,110 ; résultats un peu inférieurs à ceux obtenus avec des freins en fonte, mais la différence n'en est pas très sensible.

Dans un récent mémoire, le capitaine Galton concluait ainsi :

« On peut poser comme un axiome que, pour de grandes vitesses, un frein est comparativement d'une faible efficacité s'il ne peut arriver à faire supporter à la surface du bandage et presque instantanément, une très forte pression, et il devrait être construit de telle manière qu'on puisse réduire la pression en proportion de la diminution de vitesse du train, de façon à éviter le glissement des roues sur les rails [1]. »

Voici un résultat de ses conclusions :

1° L'application des freins, quand l'enrayage des roues n'a pas lieu, ne semble pas réduire leur vitesse de rotation ;

2° L'arrêt a lieu immédiatement lorsque leur vitesse est réduite au-dessous de la vitesse du train ;

3° La résistance est réduite par l'enrayage des roues ;

4° La pression nécessaire pour produire l'enrayage est plus grande que celle nécessitée pour le maintenir ;

5° La pression des sabots doit être proportionnelle au coefficient de frottement.

18. — *Frottement avec enduits.* — Rennie et Morin ont fait des expériences sur la résistance au frottement de surfaces recouvertes d'enduits, et on a déjà donné dans les tableaux quelques-uns des résultats obtenus par ce dernier auteur. Ils ont relativement peu de valeur, en raison de l'applica-

1. *Railroad Gazette.*

tion habituelle de pressions légères. Morin a remarqué que, sous de très fortes charges et lorsque les surfaces étaient en repos, les enduits étaient chassés, faisant que le frottement au départ excédait de beaucoup celui de repos et que le grand effort nécessité par la mise en route des machines était bien expliqué par cette observation.

19. — *Frottement des courroies, d'après Morin.* — Il a trouvé que le frottement des courroies n'était pas influencé par leur largeur, par l'arc embrassé, par le diamètre de la poulie, en d'autres termes par l'étendue des surfaces en contact. Il l'a trouvé proportionnel à l'angle sous-tendu par la courroie qui recouvre la surface de la poulie et au logarithme du rapport des tensions sur les deux côtés :

$$f = \frac{\log \frac{T}{T'}}{1,363}.$$

Dans ces expériences, il obtint pour des courroies en bon état et sèches, $f = 0,282$ et $f = 0,377$ quand elles étaient humides.

La table suivante donne un extrait de ces résultats d'expériences.

VALEUR DE K DANS LA FORMULE DE PRONY $T = kT$.

Rapport de l'arc embrassé à la circonférence entière.	Courroies neuves sur bois.	Courroies ordinaires sur bois.	Courroies sur fer.	Courroies humides sur fer.	Cordes sur treuils en bois.	
					cordages raides.	cordages humides.
0,20	1,9	1,8	1,4	1,6	1,9	1,5
0,40	3,5	3,3	2,6	2,6	3,5	2,3
0,60	6,6	5,9	2,9	4,2	6,6	3,5
0,80	12,3	10,6	4,4	6,8	12,3	5,3
1,00	23,1	19,2	5,8	10,9	23,9	8,0
1,50					111,3	22,4
2,00					535,5	63,2
2,50					257,48	178,5

La différence maximum de tension admissible devient

$$D = T - T' = (K - 1)\,T'$$

Le minimum de tension nécessaire pour empêcher le glissement est

$$T' = \frac{T + T}{2} = \frac{1}{2}\,\frac{K + 1}{K - 1}\,D.$$

Morin dit que le maximum d'effort, susceptible d'être appliqué à des courroies de cuir, fut trouvé égal à 24 kg. par centimètre carré de section transversale.

Dans les équations :

$$R = T - T_2 = T_1\,(1 - e^{f\theta}) = T_2\,(e^{f\theta} - 1)$$

et
$$\frac{T_1 + T_2}{2R} = \frac{e^{f\theta} + 1}{2(e^{f\theta} - 1)}$$

f varie de 0,15 à 0,6, la première valeur n'étant applicable que lorsque les courroies viennent d'être huilées.

Dans ses projets, Reulaux fait $f = 0,25$ et les expériences de MM. Towne et Briggs [1] ont démontré que, dans les conditions ordinaires de travail, cette valeur est trop forte de plus de 60 0/0.

L'angle $\theta = 2\pi n$; n est le nombre de tours,ou parties de tour, embrassés par la courroie. Rankine donne [2] les valeurs suivantes pour le coefficient 2,7288 dans l'équation

$$e^{f\theta} = 10^{2,7288\,f}$$

qu'on emploie dans l'application des formules précédentes.

$f = 0,15$	0,25	0,42	0,56
$2,2728\,f = 0,41$	0,68	1,15	1,54

Lorsque $\theta = \pi$ et $n = 1$, comme cela a lieu généralement :

$T_1 = T_2 = 1,603$	1,188	3,758	5,821
$T_1 = R = 2,66$	1,84	1,36	1,21
$T_1 + T_2 - 2R = 2,16$	1,34	0,86	0,71

Habituellement, on admet que $T_2 = R$, $T_1 = 2R$,

$$\frac{T_1 + T_2}{2R} = 1,5$$

et que f devient 0,22.

Rankine [3] donne pour les câbles métalliques, marchant sur fonte, $f = 0,15$ et, sur gutta-percha, $f = 0,25$.

1. *Journal of the Franklin institute*, 1868.
2. *Machinery and Millwork*, p. 352.
3. *Id.*

20. — *Le frottement des pistons de pompe* a été déterminé par d'Aubuisson et trouvé proportionnel au diamètre de la pompe et à la pression.

Le frottement des pistons plongeurs de presse hydraulique, avec gaine de cuir embouti, a été trouvé par Hicks à peu près égal (quand ils sont bien perfectionnés et en bon état) à 50 pour cent divisé par leur diamètre exprimé en centimètres; un piston plongeur de 10 centim. de diamètre offrira une résistance de 5 0/0 et une presse de 50 centim. offrira 1 0/0 de la charge totale.

21. — Le *frottement des tourillons* a été étudié par Rennie et par Morin et récemment par différents ingénieurs. Le tableau suivant donne les chiffres obtenus par Morin. Ils doivent être comparés avec ceux obtenus d'après les expériences les plus récentes et peuvent être considérés comme représentant des valeurs maxima pour des tourillons neufs et des charges relativement petites. Les tourillons avaient $0^m,05$ à $0^m,10$ de diamètre et supportaient des charges de 150 à 2000 kilog.

Ces expériences ne furent pas seulement limitées aux faibles pressions, mais on ne mentionne pas les pressions plus élevées qu'on a employées. Le dynanomètre employé était celui de Morin, par lequel on suppose que les flexions du ressort sont proportionnelles aux charges, et qui est inexact : la flexion augmente plus rapidement que la charge. On ne peut donc pas se baser absolument sur les valeurs attribuées à f[1].

1. *Carnet de l'ingénieur.*

FROTTEMENT DES TOURILLONS EN MOUVEMENT.

Nature des corps.	Lubrifiants.	Coefficients de frottement graissage intermittent	Coefficients de frottement graissage continu.
Fonte sur fonte......	Huile, suifs, saindoux	0,07 à 0,08	0,03 à 0,054
—	— et eau...	0,08	
—	Asphalte............	0,054	
—	Gras (onctueux)......	0,14	
—	Gras et humide......	0,14	
Fonte sur bronze...	Huile, saindoux, suif	0,07 à 0,08	0,03 à 0,054
—	gras..........	0,16	
—	— et humide....	0,16	
—	— (légèrement)..	0,19	(1)
—	A sec...............	0,18	(2)
Fonte sur gaiac......	Huile, saindoux		0,090
—	Gras (huile ou saindoux)	0,10	
—	de saindoux et plombag.	0,14	
Fer forgé sur fonte .	Huile, saindoux, suif	0,07 à 0,08	0,030 à 0,054
Fer forgé sur bronze	Huile, suif, saindoux	0,07 à 0,08	0,030 à 0,054
—	Onctueux et mouillé.	0,19	(3)
—	Légèrement onctueux	0,25	
Fer sur gaiac.........	Huile, saindoux	0,11	
—	Onctueux	0,19	
Bronze sur bronze..	Huile d'olive.........	0,10	
—	Saindoux	0,09	
Bronze sur fonte....	Huile, suif...........		0,03 à 0,054
Gaiac sur fonte.....	Saindoux	0,12	
—	Onctueux............	0,15	
Gaiac sur gaiac.....	Saindoux		0,07

Dès 1831, Nicolas Wood a déterminé le coefficient de frottement de vieux tourillons bien rodés, dans des conditions qui ne sont pas bien spécifiées, et le trouve égal à environ 0.02. Des expériences faites postérieurement, en Allemagne, avec des pressions de 14 à 17,5 kg. par cen-

1. Commence à se roder.
2. Bois légèrement onctueux.
3. Commencement de rodage.

timètre carré donnèrent, pour 250 tours, $f = 0,00891$ à $f = 0,013$, et on a conclu que ces valeurs pouvaient encore être réduites. Des expériences plus récentes ont montré que la résistance s'accroît dans un rapport plus élevé que l'augmentation de la charge et augmente avec la vitesse, tandis que les expériences, faites à Hanovre, ont conduit aux conclusions suivantes : sous des charges totales de 145 à 367 kilog., le coefficient pour des tourillons en fer lubrifiés avec de l'huile de colza, et fonctionnant dans des coussinets en métal blanc, est de 0,009 à 0,099 ; que pour des coussinets en bronze de canons, ce coefficient devient 0,014 ; que cette valeur est indépendante de la charge dans les limites usuelles ; que l'étendue de la surface du tourillon n'influe en rien par la résistance ; cette résistance est indépendante de la vitesse ; que la pression donne, pour les *charges légères*, un coefficient plus élevé que l'huile, mais qui est le même pour les *fortes charges*.

22. — Le frottement des arbres moteurs a été déterminé par les expériences très nombreuses et très variées de M. Samuel Webber. Les pressions n'étant pas trop élevées, les valeurs de Webber par le coefficient moyen de frottement sont, à peu près, les mêmes que celles obtenues par Morin. Elles sont égales à 0,066 pour un graissage intermittent et à 0,044 pour une lubrification continue à l'huile ; Morin avait obtenu 0,75 et 0,042.

Dans les formules qu'il donne du travail du frottement et de la force en chevaux-vapeur absorbée par l'arbre moteur, Clarke, employant $f = 0,070$ et $f = 0,043$ par chaque tour, obtient :

$$\text{Le travail } T = 0,0182 \, Pd$$

pour un graissage ordinaire à l'huile.

Le travail $T = 0{,}0112\ Pd$

pour un graissage continu à l'huile.

$$\text{Cheval-vapeur HP} = \frac{0{,}0182\ Pds}{33{,}000} = \frac{Pds}{1800000}$$

pour un graissage ordinaire à l'huile.

$$\text{Cheval-vapeur HP} = \frac{0{,}0112\ Pds}{33{,}000} = \frac{PdR}{2950000}$$

pour un graissage continu à l'huile.

Dans ces formules, $P =$ la charge totale; $d =$ le diamètre du tourillon; R le nombre de tours par minute[1]. Les coefficients, déterminés par Webber, varient de 0,033 à 0,055 ou de $\frac{1}{30}$ à $\frac{1}{20}$ avec un graissage continu et de 0,052 à 0,114 ou de $\frac{1}{20}$ à $\frac{1}{9}$ pour un graissage ordinaire.

23. — *Lubrifiants.* — D'après ce qui précède, on voit que la résistance due au frottement est déterminée par la nature de la matière lubrifiante.

Les tables données ci-après serviront à l'ingénieur et au constructeur pour calculer les pertes probables de force résultant du frottement, dans les conditions ordinaires de la pratique.

La valeur propre d'un lubrifiant est entièrement indépendante du prix marchand, tant que la spéculation ne l'affecte pas. Quelques-uns des corps, qui seraient des plus utiles pour réduire le frottement, sont entièrement inconnus aux consommateurs parce que la grande demande, qui en est faite pour d'autres emplois, en élève tellement le prix de vente qu'on ne peut songer à les faire servir au grais-

1. W. R. Browne, *Railroad Gazette*, 16 août 1878; *Manual*, p. 763.

sage des machines. Ainsi, la meilleure de toutes les matières lubrifiantes connues, l'huile de spermacéti, est beaucoup moins employée que l'huile de lard qui est moins bonne, mais coûte bien meilleur marché, et cette dernière est, cependant, moins employée encore que les huiles minérales, ou les huiles mélangées, dont le marché est toujours abondamment pourvu.

L'effet du frottement de roulement aussi bien que de glissement, est d'user et de roder les solides, et, avec les solides comme avec les fluides, de produire une quantité de chaleur qui est exactement équivalente au travail de frottement et qui en est la mesure. La quantité de chaleur ainsi produite est égale à une unité thermique [1] anglaise de 772 pieds-livres de travail dépensé à vaincre le frottement. C'est ce qu'on appelle l'équivalent mécanique de la chaleur de Joule. Quand ce travail est mesuré d'après le système métrique, la quantité de chaleur ainsi produite correspond à une calorie [2] par chaque 424 kilogrammètres de travail employés à vaincre la résistance due au frottement.

Ce développement de chaleur a les inconvénients suivants : il réduit la viscosité des lubrifiants et les rend plus faciles à expulser d'entre les surfaces frottantes, lorsqu'on a de fortes pressions ; il altère sérieusement les surfaces en contact, les crevassant, les rodant et augmente ainsi le frottement, tout en détruisant le tourillon et les coussinets ; il enflamme souvent même le lubrifiant, surchauffe, ramollit et affaiblit les surfaces frottantes et peut occa-

1. L'unité thermique anglaise est la quantité de chaleur nécessaire pour élever une livre (453 grammes) d'eau d'un degré Fahrenheit 6/9 d'un degré centigrade.

2. La calorie métrique est la quantité de chaleur nécessaire pour élever la température d'un kilogramme d'eau d'un degré centigrade.

sionner de graves incendies par l'inflammation des corps combustibles qui se trouvent dans le voisinage. Les tourillons de machines se trouvent aussi soudés dans leurs coussinets. L'incendie des moulins et des bateaux à vapeur et la rupture des essieux de wagons et, par suite, le déraillement de trains proviennent quelquefois d'un emploi des lubrifiants mauvais ou d'un graissage insuffisant.

24. — *Le graissage* a donc pour but de réduire le frottement et d'empêcher un trop grand développement de chaleur, et les ingénieurs ont recours à ce moyen qui consiste à interposer entre les surfaces de frottement un corps doué du plus petit coefficient de frottement et de la puissance la plus grande pour réduire le développement de la chaleur. Il est évident que, pour qu'une substance puisse être efficace comme lubrifiant, elle doit posséder les caractères suivants :

1° Offrir assez de cohésion et de viscosité pour empêcher les surfaces, entre lesquelles elle est interposée, de se trouver en contact, sous la pression maximum ;

2° La plus grande fluidité compatible avec les conditions précédentes ;

3° Le plus petit coefficient de frottement possible dans les conditions ordinaires d'emploi, c'est-à-dire que la somme des deux frottements, solide et liquide, doit être un minimum.

4° Une capacité maximum pour recevoir, transmettre, emmagasiner et expulser la chaleur ;

5° Ne pas être susceptible de décomposition ou de modification dans la composition, par suite d'agglutination ou par toute autre cause, pendant l'exposition à l'air ou son emploi ;

6° Être exempte d'acides ou d'autres substances pouvant produire une altération des matériaux ou métaux avec lesquels elle se trouve en contact ;

7° Une température élevée de vaporisation et de décomposition et une basse température de solidification ;

9° Elle doit être exempte de corps solides, graviers, poussière, etc., et de toute matière étrangère.

25. — *La valeur d'un lubrifiant*, outre le prix d'achat, dépend de son efficacité pour réduire le frottement, de sa durée à l'usage, de la difficulté qu'il éprouve à former du cambouis, de l'absence d'acide et de toute substance grenue, de la fixité de sa composition ainsi que de son état physique, malgré les changements de température et souvent aussi du pouvoir qu'il possède d'expulser la chaleur des tourillons déjà échauffés.

Ainsi, l'huile de spermacéti est considérée comme le meilleur lubrifiant connu, mais son prix élevé en empêche l'emploi, sauf si ce n'est pour certains cas spéciaux. D'autres huiles sont bon marché, mais ont un faible pouvoir lubrifiant ; d'autres réduisent bien le frottement, mais ne durent pas ou ne peuvent être maintenues entre les parties frottantes ; d'autres, comme l'huile de lin et les huiles siccatives, en général, quoique excellentes pour d'autres usages, s'épaississent tellement qu'on ne peut les employer pour le graissage ; tandis qu'une grande quantité des suifs et des huiles du commerce contiennent des acides provenant de leur décomposition et n'ont pu être assez épurés pour enlever les acides qu'on a employés pour leur clarification et peuvent s'y trouver en quantité suffisante pour attaquer les métaux.

Certains lubrifiants ne peuvent être employés à basse température parce qu'ils sont susceptibles de se congeler, et d'autres ne peuvent servir pour le graissage des cylindres à vapeur, ni lorsqu'ils sont exposés à se trouver portés à une température élevée, parce qu'ils se décomposent en se vaporisant.

Il est indispensable, aussi bien au marchand qu'au consommateur, de savoir avec certitude quelle est la nature et la qualité d'un lubrifiant et, pour arriver à ce résultat, de bien connaître les méthodes d'essai. Il est nécessaire de savoir s'il pourra supporter la pression et empêchera l'échauffement à la vitesse à laquelle il sera soumis.

On doit donc étudier séparément ces différentes conditions et déduire du rendement, dans chaque cas particulier, la valeur du lubrifiant.

26. — Les lubrifiants sont quelquefois solides, mais le plus habituellement liquides et ceux de cette dernière catégorie diffèrent beaucoup en viscosité et cohésion, depuis les plus liquides, tels que ceux employées dans l'horlogerie, qui sont aussi fluides que l'eau, jusqu'aux huiles les plus épaisses et les plus denses, l'huile de ricin et l'huile de résine. Il y a aussi des lubrifiants demi-fluides, tels que le suif, le savon, la cire et d'autres tout à fait solides, tels que le graphite et la stéatite.

L'ingénieur emploie aussi des alliages de métaux connus sous la désignation « d'anti-friction » et dont un des plus connus est le métal Babbit. Ils sont fixés d'une manière permanente, dans les coussinets et ont pour objet d'offrir au tourillon, au lieu de la surface dure et résistante du métal lui-même, une matière qui s'adapte plus facilement et plus parfaitement à la forme de l'arbre qu'elle supporte.

C'est M. Hopkins qui, le premier, a employé le plomb pour cet usage, parce qu'il s'use et laisse descendre, par suite de l'usure, l'arbre sur le bronze des coussinets.

La métalline et quelques autres anti-frictions sont employés sans graissage, servant eux-mêmes de lubrifiants, comme la plombagine et les autres substances similaires qu'on interpose, en poudre fine, entre les surfaces de frottement.

Dans certains cas, aucun lubrifiant ne peut empêcher un tourillon de s'échauffer ni les coussinets de se fendre ; on fait alors des coussinets creux et on y fait circuler un courant d'eau pour les tenir froids.

Dans le palier glissant de Girard et les coussinets hydrauliques de Shaw, le tourillon est supporté par un coussin d'eau, amené dans une cavité au moyen d'une pompe et à une pression telle que le tourillon est réellement supporté par l'eau et tourne sur le matelas liquide. Shaw a appliqué ce système avec succès au pivot des arbres verticaux.

Les lubrifiants les plus généralement employés sont les sortes d'huiles les plus connues et les moins chères : huiles animales de poissons et huiles végétales ou minérales ; on placera, en première ligne, le saindoux, puis le lard. Les huiles de spermacéti, de pied de bœuf, de phoque, de baleine, de suif sont employées seules ou mélangées. Parmi les huiles végétales, on peut citer l'huile d'olive qui est presque exclusivement employée dans certains pays, l'huile de graine de coton aux États-Unis ; les huiles de palme, de navette, de colza, d'œillette, d'arachide, de coco, de ricin[1], sont toutes plus ou moins employées pour le graissage. Des huiles de poissons[2], celles de marsouin et de morue sont les plus employées. Les huiles minérales sont divisées en deux classes principales : les huiles de schiste, qu'on obtient de certains gisements schisteux, et les pétroles provenant de lacs d'huile très étendus, situés ordinairement à une profondeur plus ou moins grande, et qu'on

1. L'huile de lin est très connue comme réductrice du frottement; mais, elle sèche et s'agglutine trop rapidement pour permettre de l'employer au graissage.

2. La baleine n'est pas un poisson, mais un animal classé parmi les mammifères.

trouve principalement dans la Pensylvanie et dans d'autres parties des États-Unis.

L'huile de spermacéti est très employée, malgré son prix élevé, car elle est infiniment supérieure à toutes les autres pour le graissage. L'huile de colza remplace beaucoup, aujourd'hui, l'huile d'olive; mais, les huiles minérales, pures ou mélangées, semblent devenir d'un usage presque général. L'Ecosse produit 1123000 hectolitres d'huile (par la distillation de 813000 tonnes de schiste) sur lesquels 450000 hectolitres sont employés à l'éclairage ; le reste comprend 10160 tonnes d'huile de graissage, 6000 tonnes de paraffine et aussi 2500 tonnes de sulfate d'ammoniaque. On trouve aussi le pétrole en Chine, aux Indes, en Italie et dans les autres parties du monde : l'île de la Trinité renferme un lac de pétrole, dit lac de Poix ; les rives sont composées de bitume provenant de l'évaporation et de l'oxydation du pétrole. Mais, la plus grande partie du pétrole est fournie par la Pensylvanie, la Virginie occidentale et l'Ohio. La Pensylvanie seule a produit, dans une année (1874) plus de 10000000 tonneaux dont la moitié a été importée en Europe et destinée au graissage, mais surtout à l'éclairage.

Les graisses ou lubrifiants semi-fluides sont généralement employés à l'état naturel, comme le suif, le saindoux, la cire et d'autres substances similaires ; quelquefois, l'industrie les combine avec d'autres corps ; c'est ce qu'elle fait, par exemple, dans la fabrication des différentes espèces de savon. Des mélanges de suif et de plombagine, de céruse et d'huile, et d'autres mélanges, contenant du soufre, sont souvent employés.

Pour certains usages spéciaux comme, par exemple, pour refroidir des tourillons échauffés, on emploie quelques-uns des mélanges dont on vient de parler : huile et céruse, huile et plombagine, huile et soufre, ou des huiles auxquelles on ajoute un liquide alcalin. J'ai obtenu les meilleurs résultats, sur de fortes machines marines, d'un mélange d'huile et de soufre appliqué sur le tourillon, avec beaucoup de soin, en opérant à l'extérieur des affusions modérées d'eau froide.

Une bonne graisse pour les chemins de fer peut être composée, par parties égales, de suif et d'huile de palme avec de l'eau dans laquelle on a fait dissoudre 50 grammes de soude caustique par litre et qu'on mélange à une douce chaleur. Deux parties de paraffine, une de saindoux et trois d'eau de chaux donnent aussi une bonne graisse, surtout pour les tourillons fortement chargés et marchant à petite vitesse. Un mélange de huit parties de cire de baies de laurier et d'une de graphite donne encore un très bon résultat.

On emploie généralement, en Angleterre, pour les essieux, une graisse composée principalement d'huile de palme. Les compositions suivantes sont employées dans ce pays[1] :

	Été.	Hiver.
Suif	228	190
Huile de palme	127	127
Spermacéti	10	16
Soude caustique	54	57
Eau	620	690

Sur les chemins de fer d'Allemagne, on emploie la composition suivante :

1. W. R. Browne, *Railroad Gazette*, 9 août 1875.

Suif.	24,60 parties.
Huile de palme.	9,80
Huile de colza.	1,10
Soude.	5,20
Eau.	59,30
	100,00

En Autriche, on emploie :

	Suif.	Huile d'olive.	Vieille graisse.
En hiver.	100	20	13
Au printemps et en automne . .	100	10	10
En été.	100	1	10

On est quelquefois heureux, quand les lubrifiants liquides ne réussissent pas, d'avoir recours aux solides. Quelques-uns de ces derniers sont susceptibles de supporter d'énormes pressions, sans inconvénient. Les plus usités sont généralement des compositions métalliques,seules ou mélangées avec des éléments non métalliques : graphite, soufre, talc, amiante, noir de fumée et céruse (carbonate de plomb). Dans certains cas, on les fixe à demeure et,dans d'autres, ils sont appliqués à intervalles comme les huiles, entre les surfaces de frottement.

Le lubrifiant le plus généralement employé,dans la première catégorie, est la métalline, matière dont la composition est variable suivant les conditions auxquelles elle est soumise. Les ingrédients,qui la composent,sont ordinairement réduits à l'état de poudre impalpable, puis mélangés, suivant des proportions déterminées, et la masse est soumise à une forte pression au moyen de la presse hydraulique dans des moules en acier trempé. Elle en sort sous forme de courtes tiges, de 3 à 8 millim. de diamètre; elle peut être, dans certains cas, assez tendre pour être rayée par l'ongle et dans d'autres, au contraire, sort assez dure pour exiger l'emploi du couteau ; on fait également des mélanges de dureté intermédiaire. Elle ressemble à la plombagine, mais est plus onctueuse et un peu moins colorée. Pour la mettre en place, on perce des trous dans le coussinet au moyen d'une mèche équarrie à son extrémité, afin d'avoir un fond plat. Leur profondeur est d'environ 5 mm. ; dans ces trous, on fait entrer le bâton de métalline dont le diamètre permet d'avoir un serrage énergique, et on polit la surface avec soin. Une préparation de ce genre diminue souvent le frottement, empêche l'échauffement et le rodage et évite l'emploi, quelquefois gênant, des huiles ou des graisses [1].

La plombagine entre souvent aussi dans la composition de l'anti-friction de la première classe, destiné à diminuer le frottement et le rodage, mais, en général, c'est par interposition qu'on l'emploie. Elle doit être absolument pure, exempte de gravier et réduite à l'état de poudre floconneuse [2]. Quelques mécaniciens préfèrent le talc en poussière pour lubrifier les tourillons des machines. Pour cet emploi, on le réduit d'abord en poudre fine, qu'on lave pour enlever toutes les parties graveleuses, puis on le plonge, pendant un temps très court, dans de l'acide chlorhydrique dilué, dans lequel on l'agite afin de dissoudre les parcelles de fer qu'il renferme. La poudre est ensuite lavée à l'eau pure pour enlever toute trace d'acide ; après quoi, elle est séchée. C'est par ces opérations que l'on obtient, à l'état de pureté, la poudre de stéatite telle qu'elle est em-

1. *Iron age.*
2. *American Machinist*, nov. 1877, p. 3.

ployée pour la lubrification. Cette poudre n'est pas employée seule : on la mélange avec des huiles, des graisses ou des composés savonneux, dans les proportions d'environ 35 pour 100 de poudre que l'on ajoute, soit à de la paraffine, soit à de l'huile de colza ou toute autre, ou bien encore on mélange cette poudre avec quelque autre composé savonneux employé pour la lubrification des grosses machines[1]. Aujourd'hui, on emploie beaucoup les matières de ce genre pour graisser les garnitures et les presses et aussi des machines à vapeur.

27. — *Épuration des huiles.* — Les huiles ayant déjà servi doivent être soigneusement purifiées avant un nouvel emploi. Voici la méthode qu'on recommande, dans ce but, pour les huiles à graisser : on prend une cuve, d'une contenance de 72 litres ; on y fixe une cannelle au fond et une autre à $0^{m},10$ plus haut. On verse, dans cette cuve, 8 litres d'eau bouillante, on y ajoute 100 grammes de carbonate de soude, 92 grammes de chlorure de calcium et 255 grammes de sel marin ; quand la dissolution de ces sels est achevée, on y ajoute 50 litres d'huile à purifier et on agite le tout pendant 5 à 10 minutes ; la cuve est abandonnée dans un endroit chaud, pendant une semaine, et, au bout de ce temps, l'huile pure et claire est soutirée par le robinet supérieur.

Le Dr Dolch a communiqué au *Scientific American* la méthode suivante pour l'épuration de l'huile de coton brute : on place 450 litres d'huile brute dans un réservoir, on y ajoute graduellement 14 litres d'une lessive de potasse caustique à 45° Baumé et l'on agite constamment le mélange, pendant plusieurs heures ; ou bien, on ajoute à la même quantité d'huile 27 litres d'une lessive de soude à 25°, ou

1. *New-York Sun.*

30° Baumé ; on chauffe pendant une heure et même plus longtemps, à une température de 95 à 115° C. et en agitant constamment ; on abandonne ensuite au repos. L'huile jaune claire se sépare du dépôt savonneux brun que l'on place dans des sacs afin de laisser égoutter le reste d'huile ; ce dépôt est ensuite vendu aux fabricants de savon, au prix de 33 fr. à 44 fr. les 100 kg. La lessive de potasse doit être faite dans des vases en fer, mais l'huile et la lessive peuvent être mélangées dans un bac en bois.

28. — La pression qu'on peut tolérer, par unité de surface, est déterminée par la vitesse de frottement, la nature du lubrifiant et celles des surfaces en contact. Ordinairement, les deux surfaces sont différentes, l'une étant plus dure, afin de pouvoir supporter le maximum de pression, sans changer de forme, l'autre moins dure afin qu'elle ne puisse pas roder la première. Avec une telle disposition, les surfaces, si elles sont entretenues avec soin, deviennent polies comme un miroir et permettent d'obtenir le minimum de résistance au frottement. Les surfaces en fonte donnent généralement des résultats moins satisfaisants que celles en fer forgé ; celles en acier bien homogène et modérément dur sont encore meilleures. On peut à peine compter, pour le fer, sur une pression de 56 kg. par cm. carré, si ce n'est à de petites vitesses, tandis qu'on voit couramment des tourillons d'acier de machines marines supporter des pressions de 84 kg. J'ai constaté des pressions de 492 à 632 kg. par cm. carré sur des pivots de ponts tournants que l'on manœuvrait lentement et à des intervalles de temps éloignés. Dans la pratique, j'ai toujours évité, autant que je l'ai pu, de faire supporter plus de 42 à 70 kg. au fer et à l'acier et, en général, j'ai toujours employé des pressions d'autant plus faibles que les vitesses étaient plus grandes, puisque la quantité

de chaleur développée est la mesure du frottement et est proportionnelle à la vitesse, aussi bien qu'à la pression.

29. — *Dimensions des tourillons*. — En observant, en 1862, la façon dont se comportaient les tourillons des machines marines, j'ai obtenu la formule suivante pour les dimensions des tourillons des machines marines et des machines fixes[1] :

$$l = \frac{PV}{60.000\, d}$$

dans laquelle, l est la longueur du tourillon en pouces, P la charge en livres, V la vitesse de frottement en pieds par minute, d le diamètre en centimètres.

Lorsque les tourillons sont exposés à la poussière, comme dans les locomotives, il est bon de les faire plus longs que

1. En France, où l'on applique le système métrique, on se sert généralement des formules suivantes : soient d le diamètre du tourillon en centimètres, P la pression en kilogrammes, l la longueur du tourillon en centimètres, R la charge pratique et n le nombre de tours faits par l'arbre en une minute. On aura :

$$d = \sqrt[2]{\frac{16}{\pi R} \times \frac{l}{d} \times P}$$

dans laquelle nous ferons :

R = 3 kilogrammes pour la fonte,
R = 6 kilogrammes pour le fer,
R = 10 kilogrammes pour l'acier,

D'après Reuleaux, il convient de prendre, au-dessous de 150 tours à la minute :

Pour la fonte : $\frac{l}{d} = 1,33$ $\quad d = 1,5\ \sqrt{P}$

Pour le fer : $\frac{l}{d} = 1,5$ $\quad d = 1,125\sqrt{P}$

Pour l'acier : $\frac{l}{d} = 1,78$ $\quad d = 0,93\ \sqrt{P}$

On suppose que les tourillons tournent sur des coussinets de bronze. Au dessous de 150 tours par minute, on devra se conformer aux règles suivantes :

Pour le fer : $\frac{l}{d} = 12\ \sqrt{n}$ $\quad d = 0,32\ \sqrt{P}\ \sqrt[4]{n}$

Pour l'acier : $\frac{l}{d} = 0,15\sqrt{n}$ $\quad d = 0,47\ \sqrt{P}\ \sqrt[4]{n}$

s'ils étaient à l'abri; on remarque cette différence dans les formules qu'on vient de donner. Les meilleurs constructeurs d'arbres de moulins donnent à leurs tourillons une longueur égale à environ quatre fois le diamètre.

30. — *Graissage des tourillons.* — Il est évident que la méthode de graissage a une influence énorme sur la dépense. Un graissage parfaitement régulier, avec la quantité minimum, permet d'obtenir une économie qu'on trouve quelquefois surprenante. Il y a quelques années, le directeur d'une importante maison de construction de machines-outils me disait que les paliers de leurs lignes de transmission fonctionnaient d'une manière parfaite avec seulement 34 gouttes d'huile chacun, par semaine.

J'ai souvent employé, dans les godets-graisseurs ordinaires, un fil métallique ayant la forme d'un siphon et autour duquel j'enroulais, sans serrer, une mèche de coton. Quelques expériences préliminaires me permettaient de déterminer la longueur de la mèche et le nombre de torons nécessaires pour assurer un bon graissage avec le minimum de dépense.

Les modèles récents de burettes Dreyfus, et autres, si elles sont employées avec soin, permettent d'obtenir un résultat aussi économique. On enlevait mes siphons, pendant les arrêts de la machine, afin d'éviter une dépense inutile d'huile. Une autre bonne disposition, pour les tourillons importants, consiste dans l'emploi d'une pompe, qui prend l'huile dans un réservoir, où elle retourne après avoir passé sur le tourillon ; l'emploi des graisseurs automatiques à huile devient, du reste, de plus en plus fréquent.

D'après ce qui précède, on voit qu'un lubrifiant, excellent pour un emploi déterminé, n'est pas nécessairement bon pour un autre. L'eau est très convenable pour les garnitures en gaïac de l'arbre de l'hélice à l'arrière, ou comme support des arbres verticaux des turbines. Elle donne de très bons résultats dans le « palier glissant » ; c'est la meilleure substance connue pour absorber la chaleur, mais elle n'est pas, à proprement parler, un lubrifiant et ne pourrait pas être employée pour diminuer le frottement des tourillons ordinaires.

La plombagine, le suif et l'huile de ricin ont suffisamment de « corps » pour supporter de très fortes pressions; mais, une huile très claire est seule convenable pour l'horlogerie ; l'huile lourde offrirait une trop grande résistance, par suite de sa viscosité, pour les tourillons légers.

Avec des huiles ayant peu de corps, il faut mettre le plus grand soin à assurer la parfaite régularité de l'alimentation, tout en conservant la moindre quantité possible, sans compromettre la marche de la machine. Les huiles lourdes doivent être renouvelées plus souvent ; quant au suif et aux graisses, on les renouvelle au fur et à mesure que le tourillon les prend.

31. — Les procédés modernes pour éprouver les huiles consistent en un certain nombre de déterminations indépendantes les unes des autres.

Elles ont pour but :

1° La constatation de leur identité et la découverte des falsifications;

2° La mesure de leur densité;

3° La détermination de leur degré de viscosité;

4° Leur tendance à s'agglutiner;

5° La détermination de leur température de décomposition, de vaporisation et d'inflammation;

6° Leur acidité;

7° La mesure de leur coefficient de frottement;

9° La détermination de leur durée et leur pouvoir d'absorption de calorique.

32. *Constatation de leur identité.* — Il faut un temps re-

lativement long pour pouvoir, à l'usage, constater la pureté d'une huile et reconnaître les sophistications qu'elle a subies. L'huile de spermacéti et de saindoux, par exemple, sont considérés comme lubrifiants-types ; il peut suffire à l'acheteur d'être certain que les huiles qu'on lui livre sont des huiles de spermacéti et de saindoux : c'est qu'une longue expérience lui apprend que ces huiles, et non pas d'autres, sont bien les seules qui peuvent convenir aux exigences de son travail. Dans d'autres cas, il s'occupe moins de la nature de l'huile que du prix.

Les épreuves ayant pour objet la constatation de l'identité sont chimiques et physiques. Le chimiste peut quelquefois, au moyen de réactifs, reconnaître la nature de l'huile et déceler la fraude. Il est quelquefois relativement facile d'approcher de la certitude à cet égard parce qu'il y a peu d'huiles dont le prix est assez bas pour être employées aux falsifications. Par exemple, dans le cas d'une huile de saindoux, garantie « pure », il ne peut guère espérer y trouver, si elle est fraudée, que de l'huile de coton, étant donnés les cours actuels. L'analyse ne peut être faite que par un chimiste expérimenté : nous allons décrire quelques méthodes très simples [1].

33. *Méthodes chimiques*. — Les professeurs Crace-Calvert, Cailletet, Château, Waltz et beaucoup d'autres chimistes ont essayé différents réactifs pour reconnaître la pureté des huiles et déceler la fraude.

MM. Chevreul et Braconnot (1813) ont probablement été les premiers à donner la composition exacte des corps gras. Ils les ont trouvés ainsi composés :

1. Voyez le traité de Théodore Château : *Guide pratique de la connaissance et de l'exploitation des corps gras industriels*. Paris, 1864.

Matières grasses animales.	Margarine.	Oléine.
Suif de mouton.	80	20
— de bœuf.	70	30
Saindoux.	38	62
Matières grasses végétales.		
Huile de colza.	46	54
Huile d'olive.	28	72
Huile d'amandes.	24	76

Chevreul et T. de Saussure ont déterminé la composition élémentaire de plusieurs corps gras ; ils ont trouvé :

	Carbone	Hydrogène	Oxygène.
Graisse de mouton. .	79	11,7	9,3
Saindoux.	79	11,1	9,8
Graisse humaine. . .	79	11,4	9,6

	Carbone.	Hydrogène.	Oxygène.
Huile de noix. . . .	77,9	10,5	9,1
— d'amandes. . .	07,4	11,5	10,8
— de lin.	76	11,3	12,6
— d'olive.	77,2	13,3	9,4

34. *Classification.* — Les corps gras sont divisés en cinq classes :

1° Les huiles, qui sont liquides à la température ordinaire ;

2° Les beurres des huiles épaisses ;

3° Les suifs ;

4° Les graisses ;

5° Les cires.

Quoique ayant toutes une grande valeur commerciale

et industrielle, de toutes les substances énumérées, les huiles sont de beaucoup les plus employées comme lubrifiants.

35. *Altérations des huiles.* — La composition et le caractère de ces substances peuvent être modifiés de plusieurs manières. Elles peuvent absorber l'oxygène de l'air et rancir ; elles peuvent sécher et former une sorte de vernis, ou simplement épaissir, devenir gommeuses, et perdre, en même temps que leur fluidité, la propriété qu'elles possèdent, à l'état naturel, de brûler sans fumée. On prévient ces changements en les tenant à l'abri de l'air.

Elles peuvent aussi dissoudre des métaux, quand elles sont contenues dans des vases métalliques, et leur caractère se trouve encore modifié.

Le Dr Stevenson Macadam relate que, dans le cours d'expériences suivies sur diverses huiles de paraffine, son attention fut appelée sur une certaine huile qui brûlait imparfaitement dans différentes lampes. Il crut d'abord que cette huile était altérée par des composés de plomb qui, engorgeant la mèche, diminuaient sa capillarité, de manière à éteindre la lumière. Dans une seule nuit, la mèche d'une lampe avait dû être changée plusieurs fois, et les mèches carbonisées laissaient un résidu de plomb. L'huile avait été emmagasinée dans un réservoir garni antérieurement de plomb et en avait dissous une telle quantité que son pouvoir éclairant était absolument nul. L'action de l'étain, du cuivre et du fer est tellement faible sur les huiles qu'elle en modifie peu le pouvoir éclairant. Le zinc a plus d'effet que ces derniers métaux et est presque aussi nuisible que le plomb. La conclusion du Dr Macadam est que, bien qu'on puisse employer comme réservoir des huiles de paraffine, le cuivre, l'étain ou le fer, il est encore préférable de les garnir intérieurement d'un émail. Dans un rapport, lu récemment devant l'*Association Britannique*, William Watson décrit les résultats des études qu'il a entreprises sur le même sujet. Il a trouvé que, de toutes les huiles examinées, celles de paraffine et de ricin avaient le moins d'action sur le cuivre, et celles d'olive et de lin, le plus ; celles de spermacéti et de phoque n'avaient qu'une très faible action sur ce métal.

36. *Recherche du cuivre et du plomb.* — Pour reconnaître la présence du cuivre, mélangez une petite portion de l'huile avec deux fois son poids d'acide nitrique dans un tube à réaction ; agitez, séparez ensuite l'acide de l'huile, ajoutez de l'ammoniaque au premier ; s'il y a du cuivre, la formation de l'ammoniure de cuivre donnera une coloration bleue.

Pour reconnaître le plomb, ajoutez à l'huile, dans un tube à essais, une petite quantité d'acide sulfurique, de carbonate de soude ou de soude caustique ; s'il y a du plomb, la solution prendra une teinte blanche et il se formera un précipité de même couleur ; pour plus de certitude, ajoutez de l'acide si vous avez employé la soude, ou de la soude si vous vous êtes servi d'acide et, lorsque la liqueur est tout à fait neutre, versez-y quelques gouttes d'une solution sulfureuse ; la présence du plomb sera indiquée par un précipité brun ; le bichromate de potasse et l'iodure de potassium donneraient un précipité jaune.

Pour reconnaître la présence d'un acide dans l'huile, dissolvez gros comme une noix de carbonate de soude cristallisé dans un égal volume d'eau ; mélangez cette solution dans une bouteille avec un peu de l'huile à essayer. Si, après une agitation prolongée, il se forme un précipité abondant, l'huile doit être rejetée comme impure.

37. *Mélanges.* — Les bonnes huiles sont souvent mélangées avec des huiles d'une qualité et d'un prix inférieurs.

On reconnait la fraude par le changement de densité, le point de congélation, la différence dans la température qui se produit lorsqu'on y ajoute de l'acide sulfurique concentré, et au moyen de différents réactifs et finalement au toucher, au goût et à l'odeur.

Cette dernière méthode suppose une très grande habitude et ne peut donner des résultats certains que lorsqu'on a beaucoup d'expérience. Quelques huiles ont cependant une odeur et un goût tellement particuliers que les personnes les moins habituées les reconnaitraient sans peine. Il est toujours bon, lorsqu'on craint un mélange, de faire des essais à la fois sur l'huile dont on doute et sur un type de pureté reconnue. Le goût, l'odeur et l'onctuosité d'une huile peuvent être beaucoup développés par la chaleur. Les saisons, les lieux et les conditions de fabrication des huiles ont une grande influence sur leur goût, leur odeur et la sensation au toucher.

38. *Oléométrie.* — La première des épreuves physiques, lesquelles précèdent les essais chimiques, c'est la détermination de la densité. C'est peut-être le moyen le plus simple et le plus commode de constater l'identité d'une huile type, bien qu'il ne donne pas toujours un résultat certain. On peut obtenir la densité en cherchant le poids d'un certain volume d'huile exactement mesuré et en comparant son poids avec celui du volume de la substance type ou en employant un densimètre ou un oléomètre. Ce petit instrument, généralement connu sous le nom d'hydromètre, prend des noms différents suivant l'usage auquel on le destine : il s'appelle lactomètre, quand on s'en sert pour mesurer la densité du lait, et alcoomètre, quand il s'agit de déterminer la densité de l'alcool.

Cet instrument (fig. 1) se compose d'un cylindre en verre de 20 à 22 mm. de diamètre et de 10 à 12 cent. de long, terminé à son extrémité inférieure par une boule chargée de grenaille de plomb, et surmonté d'une tige convenablement graduée. Plaçant l'instrument dans un liquide, il s'y tient verticalement et s'enfonce d'une certaine quantité ; la division, correspondante à la surface du liquide, donne la mesure de la densité.

Les essais doivent être faits à une température uniforme, qui est généralement 15°C., parce que la densité est beaucoup modifiée par la chaleur et par le froid.

Une autre forme de densimètre est celle fig. 2, dont la

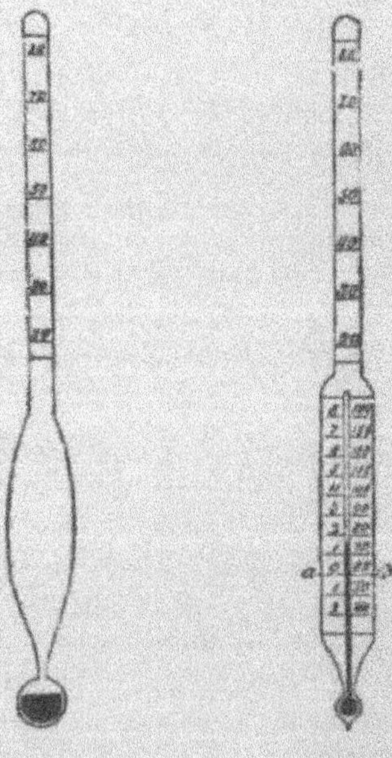

Fig. 1 Fig. 2

boule renferme un thermomètre et permet de faire les corrections de température ; les degrés sont indiqués à droite et les corrections correspondantes à gauche. Quand le thermomètre indique une température supérieure à 15°, les corrections sont à ajouter aux densités trouvées ; quand la température est inférieure à 15°, elles sont à retrancher.

Le poids spécifique d'une substance quelconque est proportionnel à sa densité, c'est le rapport du poids d'un volume donné de cette substance à celui d'un égal volume d'eau, l'expérience étant faite à la température pour laquelle l'eau est à son maximum de densité. On peut également employer d'autres moyens pour déterminer la densité. Les oléomètres sont souvent, et même généralement, gradués d'après le système Baumé, dans lequel $\frac{140}{130 + \text{Baumé}}$ $=$ le poids spécifique ; et $\frac{140}{\text{poids spécifique}} - 130 =$ degrés Baumé.

Si donc, pour une huile de spermacéti, par exemple, on trouve 0,8750 ou 30° Baumé, on devra conclure qu'elle n'est pas pure ; l'huile de spermacéti variant de 0,8810 à 0,8815, correspondant à 29° Baumé.

Les différentes variétés d'oléomètres présentent à peu près les mêmes caractères généraux.

39. — *Pesanteur spécifique des huiles.* — La méthode la plus exacte pour l'obtenir consiste à faire des pesées au moyen de balances de précision.

Une température fixe est habituellement adoptée et tous les résultats sont ramenés à cette température, après avoir déterminé le coefficient de dilatation qui, pour l'huile d'olive pure, a été trouvé égal à 0.00063 pour 1° C. ou 0.00035 par degré Fahrenheit par M. Stillwell.

Il arrive souvent que les huiles portent la même différence, d'une manière considérable, en densité.

La table suivante donne les résultats obtenus par M. Stillwell.

40. — *Table des poids spécifiques des huiles (Stillwell).* — Coeff. de dilatation = 0.00063 par 1°C. = 0.00035 pour 1° Fahr.

Huiles.	15° C. = 59° Fahr.
Spermacéti, blanchie, d'hiver	0.8813
— naturelle d'hiver	0.8815
Elaïne	0.9011
Rouge saponifié	0.9016
Palme	0.9046
Suif	0.9137
Pied-de-bœuf	0.9142
Colza, blanche, d'hiver	0.9144
Olive, d'un jaune verdâtre clair	0.9144
Olive, vert foncé	0.9145
Arachide	0.9154
Olive, vierge, jaune très-clair	0.9163
Colza, jaune foncé	0.9168
Olive, vierge, un peu foncée	0.9169
Saindoux, d'hiver	0.9169
Eléphant de mer	0.9199
Morue	0.9205
Coton, brute	0.9224
Coton, raffinée, jaune	0.9230
Coton (comestible)	0.9231
Morue (du Labrador)	0.9237
OEillette	0.9245
Phoque, naturelle	0.9246
Noix de coco	0.9250
Baleine, naturelle, en hiver	0,9254
— blanche, en hiver	0.9258

Huiles.	15° C. = 59° Fahr.
Foie de morue, pure en hiver	0.9270
Phoque, soutirée	0.9286
Coton, blanche, d'hiver	0.9288
Morue (des détroits)	0.9290
Huile d'alose foncée	0.9292
Lin, brute	0.9299
Morue (du banc de Terre-Neuve)	0.9320
Alose, claire	0.9325
Lin, cuite	0.9411
Ricin, pressée à froid	0.9667
Résine de troisième jet	0.9887

41. — Les huiles minérales sont habituellement plus légères que celles d'origine végétale ou animale. Le pétrole brut de Pensylvanie a la composition suivante[1] :

Carbone	84
Hydrogène	14
Oxygène	2
	100

Elles sont formées d'un nombre considérable de composés qui se vaporisent à des températures variant de 0° à 370° C. ; leur densité moyenne est d'environ 45° B.

Voici la densité de ces huiles :

1. *The Eames system of furnace Working of Petroleum*, par le prof. H. Würtz. *Trans. Am. Inst mining Engineers*, 1875 ; *Eng. mining journal*, août 1875 ; *Iron Age*, août 1875 ; *Am. Chem.*, sept. 1875 ; *Iron*, de Londres, sept. 1875.

Huiles minérales.	15° ou 60 F. P. sp.	B
Rhigoline (?).	0.6220	95
Benzine	0.6510	85
Naphte	0.7000	70
—	0.7500	57
Huile d'éclairage	0.8000	45
— à graisser (lourde)	0.8860	26
Paraffine.	0.8900	27

42. — La table suivante donne l'équivalence en degrés Baumé avec les poids spécifiques [1].

1. Pour avoir des tables plus complètes que celles données ici, voyez : *Prof. S. A. Latmore's Computation tables*, Rochester, 1872.

Poids spécifiques et densités					
Degrés Baumé	Poids spécifiques	Degrés Baumé	Poids spécifiques	Degrés Baumé	Poids spécifiques
10	1,000	33	0,8588	56	0,7526
11	0,9929	34	0,8536	57	0,7486
12	0,9859	35	0,8484	58	0,7446
13	0,9790	36	0,8433	59	0,7407
14	0,9722	37	0,8383	60	0,7368
15	0,9655	38	0,8333	61	0,7329
16	0,9589	39	0,8284	62	0,7290
17	0,9523	40	0,8235	63	0,7253
18	0,9459	41	0,8187	64	0,7216
19	0,9395	42	0,8139	65	0,7179
20	0,9333	43	0,8092	66	0,7142
21	0,9271	44	0,8045	67	0,7106
22	0,9210	45	0,8000	68	0,7070
23	0,9150	46	0,7954	69	0,7035
24	0,9090	47	0,7909	70	0,7000
25	0,9032	48	0,7865	75	0,6829
26	0,8974	49	0,7821	80	0,6666
27	0,8917	50	0,7777	85	0,6511
28	0,8860	51	0,7734	90	0,6363
29	0,8805	52	0,7692	95	0,6222
30	0,8750	53	0,7650	100	0,6087
31	0,8695	54	0,7608		
32	0,8641	55	0,7567		

43. Rousseau a montré que les huiles sont d'excellents conducteurs de l'électricité (à l'exception de l'huile d'olive dont le pouvoir conducteur n'est que $\frac{1}{700}$ de celui des autres huiles) ; il a imaginé un appareil, le diagomètre, servant à reconnaître la fraude. L'essai se fait en mesurant la conductibilité ; pour cela, on emploie une petite pile dont on fait passer le courant au travers d'une goutte de l'huile à essayer et l'intensité de ce courant est mesurée à l'aide d'un galvanomètre. Le résuttat est ensuite comparé avec celui fourni par l'huile type.

44. — L'effet de la chaleur sur les huiles fournit un autre moyen de déterminer leurs caractères et de déceler les falsifications.

La distillation des différents produits qu'on extrait du pétrole a lieu entre 27° et 120° C (80 à 250 F.) pour les naphtes, 120° et 315° (250 à 600 F.) pour les huiles d'éclairage et entre 315° et 425° (600 à 800° F.) pour les huiles lourdes destinées au graissage. Les bonnes huiles de cette dernière classe n'ont aucune mauvaise odeur et ne se vaporisent pas au-dessous de 315°. Leur densité varie de 27° à 28° B. (0,890 poids spécifique). Elles sont rarement employées sans mélange d'huiles plus légères.

45. — *Epreuve des huiles minérales par la chaleur.* — La température de décomposition des huiles minérales donne un excellent moyen d'en reconnaître la valeur.

On ne doit jamais, autant que possible, employer une huile dont le point d'inflammation est inférieur à 120° C. ; quelques-unes des meilleures huiles ne s'enflamment pas, ou même n'émettent même pas beaucoup de vapeur, à une température de 149° et même au-dessus. Cet essai se fait habituellement au moyen d'un petit appareil spécial (fig. 3).

Il se compose d'un petit réservoir dans lequel on verse l'huile ; on le place dans un bain-marie chauffé par une lampe et la température est indiquée par un thermomètre T dont la boule plonge dans l'huile.

Lorsque l'huile s'échauffe, l'observateur applique de temps en temps une allumette ou une bougie enflammée à l'ouverture C ; il y voit apparaître une flamme qui disparaît soudainement. Cela indique que la vapeur d'huile, en quantité suffisante, a fourni avec l'air un mélange explosif. La température observée est celle du « point d'explosion. » A une température un peu plus élevée, si on soulève une certaine partie du couvercle, disposée comme l'indique la figure 4, et qu'on approche une lumière, l'huile prend feu : c'est le « point d'inflammation ». Ce phénomène a lieu à une température d'environ 10° au dessus de celle du point d'explosion. Cet appareil est celui de Tagliabue.

M. Millspaugh, de Kent (Connecticut), a fait connaître récemment un appareil similaire que représente la figure ci-après. Il se compose d'une chambre en tôle, dont la par-

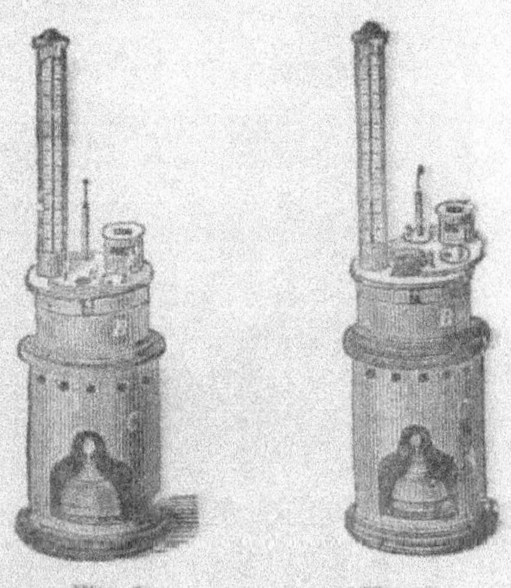

Fig. 3. Fig. 4.

tie inférieure renferme une lampe surmontée d'un vase de verre A. La partie inférieure de ce dernier est rétrécie de manière à former épaulement, ce qui permet de le fixer solidement dans l'orifice au-dessus de la lampe. Le vase A est surmonté d'un couvercle, dans lequel se trouvent deux ouvertures ; l'une B par laquelle on verse l'huile, l'autre pour les essais d'inflammation ; à ce couvercle est attaché un petit thermomètre [1].

1. *Scientific American*, 18 mars 1876.

Avec cet appareil, on peut élever la température de 45 degrés par heure. On se sert de cet appareil de la même façon que du précédent. On remplit le vase, jusqu'au point

Fig. 5.

C, avec l'huile à essayer ; la lampe est ensuite allumée, et de temps en temps, on applique la lumière près de l'ouverture du couvercle, comme le représente la figure, jusqu'à ce qu'on voie la flamme se produire ; il ne reste plus qu'à noter la température indiquée par le thermomètre.

Quand on veut déterminer le point d'inflammation, il suffit d'enlever le couvercle (en laissant le thermomètre dans l'huile) et d'approcher de la surface de l'huile une bougie allumée.

Fig. 6.

Le réservoir en verre est assez grand pour assurer l'exactitude du résultat ; le chauffage est lent et régulier, se rapprochant ainsi des conditions qu'on rencontre dans la pratique. Pour les huiles d'éclairage, on admet que le point d'éclair doit être inférieur à 43° C. et, pour les huiles de graissage, à 120° C ; le point d'inflammation doit être beaucoup plus élevé. On doit considérer comme bonnes, dans chacune de ces deux classes, les huiles qui donnent des valeurs moitié plus fortes que les chiffres qu'on vient de citer.

La figure 6 représente l'appareil de Bailey. L'huile est chauffée, pour l'épreuve par le feu, dans un petit réservoir en cuivre à travers lequel passe la flamme de la lampe ou du brûleur.

On remplit le vase aux trois quarts, la vapeur s'élève au centre, entourant la boule du thermomètre, sort latéralement, puis elle s'enflamme par l'approche d'une bougie allumée.

Les huiles animales ne se vaporisent pas; les hautes températures les décomposent.

Les résultats suivants ont été obtenus avec le premier des trois appareils qu'on vient de décrire.

Huiles	Température en degrés centigrades		
	éclaire à	s'enflamme à	brûle à
de la Virginie occidentale	118°	143°	149°
de spermacéti d'hiver....	212°	252°	260°
de graisse................	246°	274°	274°

On peut obtenir ainsi les températures auxquelles les huiles peuvent se décomposer sous l'influence de la chaleur, c'est-à-dire le point d'éclair et le point d'inflammation ; on peut également reconnaître s'il y a du danger ou non à les employer en présence du feu. En déterminant la température à laquelle les huiles s'épaississent ou se congèlent, on verra si on peut les employer pour l'éclairage extérieur dans les pays où l'hiver est rigoureux. Les huiles animales et végétales, les huiles minérales de bonne qualité et de densité élevée ne se décomposent ou ne se vaporisent qu'à une température supérieure à celle de la vapeur dans nos machines à vapeur ordinaires ; quelquefois même, les huiles minérales ne sont pas volatilisées par la vapeur à la pression qu'elle a dans les locomotives. S'il en est ainsi, ces huiles peuvent être employées pour graisser les cylindres à vapeur. Les bonnes huiles minérales ne gèlent pas aux températures que nous considérons comme les plus basses ; les huiles lourdes se congèlent à environ — 7° centigrades ; les plus légères sont encore liquides à — 18°. L'huile de spermacéti d'été s'épaissit à environ + 18°, se solidifie vers 10° ; les températures correspondantes pour l'huile de spermacéti d'hiver sont 10° et 2° ; l'huile de graisse commence à prendre à 4°,5 et se solidifie complètement à — 4°.

Pour savoir comment se comportent les huiles aux basses températures, on met, dans un vase en verre, quinze parties de sulfate de soude (sel de Glauber), on y introduit une fiole qui renferme l'huile à essayer, on verse ensuite sur le sel cinq parties d'acide chlorhydrique mélangées avec une égale quantité d'eau. On surveille l'huile pendant le refroidissement qui commence aussitôt et on l'agite avec un thermomètre qui indique la température.

On peut également employer un réfrigérant, de la glace et de l'eau, ou un mélange de glace et de sel marin.

46. — *Essai par les acides.* — Maumené et Fehling ont trouvé qu'en ajoutant de l'acide sulfurique concentré aux huiles, il se produit un développement considérable de chaleur dont la mesure permet de les reconnaître entre elles. Les huiles siccatives donnent plus de chaleur et dégagent de l'acide sulfureux. Les résultats ci-dessous sont fournis par Château :

Huiles.	Augmentation de température.	
	Maumené.	Fehling.
D'olive.	5°,55	3°,2
D'œillette.	23°,5	3°,2
De colza.	14°,4	4°,6
D'amandes.	11°,9	12°,8
De navette.	14°	23°.3
De lin.	56°,1	23°,3
De sésame.	20°	73°,3
De ricin.	8°,3	23°,3
De foie de morue.	39°,4	23°,3

Maumené ajoutait 10 cent. cubes d'acide par 50 gr. d'huile; Felhing n'en employait que 15 gr., l'acide étant à 66° B. Les résultats obtenus sont loin d'être semblables et il semble que si cette méthode est bonne, elle a dû être mal appliquée par l'un des deux expérimentateurs.

Coleman décrit[1] des essais similaires : il a constaté, par l'addition d'acide à l'huile de navette et à celle d'olive, des élévations de température de 38° et de 20°. Le même expérimentateur, après avoir imprégné d'huile des déchets de coton, les a mis dans une étuve et les a portés à des températures variant de 66° à 93° ; puis, il a noté le temps qu'ils mettaient à s'enflammer spontanément. L'huile de lin cuite a pris feu en un quart d'heure, l'huile crue en quatre heures, tandis que l'huile de navette raffinée nécessite neuf heures. L'addition de 20 pour 0/0 d'huile minérale a beaucoup retardé le point d'inflammation des déchets et 50 0/0 l'ont complètement empêchée.

47. — *Impuretés des huiles minérales.* — On peut facilement reconnaître le mélange d'une huile minérale à une

1. *Trans. Phil. Soc. of Glascow*, 1872.

autre; pour cela, il suffit d'agiter l'huile suspecte dans une bouteille jusqu'à ce qu'il se forme des bulles d'air ; puis, regardant à la lumière, on remarque, si le mélange renferme de l'huile minérale, une teinte irisée particulière à celle-ci. La présence d'impuretés au fond des récipients est généralement une preuve de mélange d'huile minérale; les impuretés sont des particules solides provenant des appareils dans lesquels s'opère la distillation des huiles minérales. Il est donc facile de les reconnaître en mettant des gouttes d'huile sur une feuille de papier buvard blanc; ce dernier absorbe l'huile et laisse les impuretés, visibles sous forme de petites taches.

48. — *Oléographie.* — Il y a plusieurs années, le professeur Tomlinson a, le premier, indiqué une méthode destinée tout d'abord à reconnaître les différences caractéristiques qui existent entre les huiles essentielles, ce qui permet de reconnaître l'identité des différentes sortes d'huiles. Cette méthode, quoique rarement appliquée, donne des résultats particulièrement remarquables par les formes qu'il a obtenues et auxquelles il a donné le nom de figures de cohésion.

Cette méthode, peu pratique, quoique très belle, a été refaite par le Dr Moffat [1], qui l'a perfectionnée et appliquée à reconnaître l'identité des huiles commerciales et la découverte des falsifications. Le procédé est aujourd'hui vulgarisé sous la dénomination d'essais oléographiques. On procède ainsi : lavez très soigneusement, avec une eau alcaline, un grand bassin jusqu'à ce qu'il soit chimiquement exempt de toute matière étrangère; emplissez-le ensuite d'eau parfaitement claire. Quand la surface est bien tranquille, laissez-y tomber une seule goutte de l'huile à

1. *Chimical News*, XVIII, p. 299.

examiner. La surface de l'eau se recouvre rapidement d'une pellicule d'huile excessivement mince. Peu après, cette pellicule commence à se rompre ; les ouvertures, qui se forment, grandissent peu à peu et se groupent en formant une suite de dentelle qui continue à se modifier et, finalement, la surface de l'eau se trouve recouverte de particules d'huile séparées et très minces. Chaque huile, dans les mêmes conditions, présente des caractères particuliers qui peuvent servir à la faire connaître ; elle s'étend de la même manière et, à un instant donné, elle forme sa dentelle particulière et caractéristique. La comparaison des dessins obtenus avec les dessins types, permet de reconnaître si une huile est pure ou fraudée.

Pour conserver des épreuves durables, on emploie le procédé suivant :

On prend un second bassin, contenant de l'eau fortement colorée avec de l'encre et une certaine quantité de papier buvard blanc, coupé en morceaux d'une dimension et d'une forme telles qu'on puisse les poser à la surface de l'eau dans le bassin d'épreuve.

L'observateur, montre en main, note les changements de la couche d'huile. Au moment voulu : une demi-minute, une minute, deux minutes, suivant le temps qui a été observé pour l'essai type et mesuré à partir de la chute de la goutte, il pose soigneusement et rapidement un papier buvard sur la surface, puis il le transporte avec autant de soin et le plus rapidement possible à la surface de la solution d'encre. Au premier contact, chaque point de la surface transmet au papier une particule d'huile ou d'eau, et le dessin se trouve figuré de cette manière sur le papier. En plaçant celui-ci sur l'eau colorée, toutes les parties de la surface non protégées par l'huile sont teintes, tandis que les autres restent incolores ; le dessin apparaît ainsi en blanc et noir sous une forme permanente et facile à conserver. On note sur les feuilles l'espèce d'huile, la date de l'essai et le temps employé pour l'obtention du dessin.

Pour obtenir une réussite complète il est indispensable d'avoir des vases de la plus grande propreté et de bien observer le moment précis auquel se forme la figure caractéristique et de bien retenir dans son esprit quelle doit être cette figure oléographique qui caractérise l'huile dont on veut reconnaître l'identité.

Le caractère ne se présente qu'une seule fois et pendant un temps très court qu'il est très important de bien saisir; car, les figures, qui le précèdent ou le suivent, sont presque sans valeur.

Les vases doivent être parfaitement nettoyés, après chaque essai, au moyen d'une solution de potasse ou de soude caustique. On doit laisser tomber la goutte d'huile au centre de la surface de l'eau au moyen d'une tige en verre qu'on en approche le plus possible, afin d'éviter les remous. Ces tiges en verre sont conservées habituellement dans une solution de potasse caustique ; quand on veut s'en servir, on les lave à l'eau claire et on les essuie soigneusement avec un linge bien propre avant d'en tremper le bout dans l'huile.

Lorsque les vases et les tiges de verre ont été quelque temps sans servir, il peut être nécessaire de les laver avec de l'acide sulfurique concentré [1] ; on les rince ensuite pour enlever toute trace d'acide.

La symétrie des figures, ainsi que leurs formes caractéristiques, sont modifiées ou détruites, lorsqu'il y a falsification et quelquefois aussi, par les changements physiques qui résultent du contact de l'air et de la vieillesse des huiles.

1. *Chimical News*, t. XIV, p. 46.

Ainsi que nous l'avons dit, le temps au bout duquel la figure distinctive se forme, est un élément essentiel, et il est convenable, à ce sujet, de préparer une collection des dessins types avec des huiles d'une pureté reconnue en prenant les figures à des intervalles de 10 secondes ou une minute, suivant la rapidité des changements ; on conserve ensuite ces types, qui servent pour les comparaisons ultérieures.

Le Dr Moffat a préparé un album oléographique de dessins types qui permettent de distinguer chaque huile. On peut employer, au lieu d'encre, une solution de la couleur que l'on préfère. — Il est facile de photographier ces dessins ou de les transporter sur pierre.

49. — *Siccativité.* — Un autre essai physique très important est de rechercher la tendance que peuvent avoir les huiles à devenir siccatives ou gommeuses. La méthode de Nasmyth est la plus simple de toutes celles employées : elle permet de déterminer la viscosité et la proportion dans laquelle les huiles sont susceptibles d'épaississement. On place une goutte d'huile au sommet d'un plan incliné et on note le temps employé pour sa descente. Des huiles qui ne gomment pas, les moins visqueuses sont celles qui atteignent le bas les premières ; plus les huiles sont siccatives, moins elles descendent vite. Nasmyth emploie une plaque de fer de 10 centimètres de largeur et de $1^{m},80$ de longueur, à la surface de laquelle se trouvent six rainures égales ; l'inclinaison de cette plaque est de $\frac{1}{70}$; le mode d'essai est le suivant : supposons que l'on ait six variétés d'huiles et qu'on désire savoir laquelle conservera le plus longtemps sa fluidité, tout en étant en contact avec le fer et exposée à l'air : on verse simultanément, à la partie supérieure de chaque rainure, une égale quantité de chacune

des huiles à essayer ; on y arrive facilement au moyen d'une série de petits tubes de cuivre. Les six gouttes d'huile se mettent alors à descendre simultanément : l'une va en avant, le premier jour ; d'autres la précèdent au bout de deux à trois jours ; certaines huiles, qui avaient bien commencé leur descente, ralentissent de plus en plus leur vitesse, tandis que l'huile de bonne qualité continue à descendre ; on est généralement fixé au bout de huit ou dix jours. L'huile de lin, qui descend beaucoup le premier jour, s'arrête après avoir parcouru environ 45 centimètres, tandis que la deuxième sorte de spermacéti dépasse la première qualité de 35 centimètres, après avoir parcouru, en neuf jours, une longueur de $1^{m},72$ sur le plan incliné. La table

ESSAI D'HUILES — RÉSULTATS [1].

Espèce	Chemin parcouru								
	1er jour	2e	3e	4e	5e	6e	7e	8e	8e
Huile de spermacéti, qualité supre..	m 0,823	m 1,270	m 1,365	m 1,372	m 1,372	m 1,372	m 1,456	m arrêt	m .....
— qualité ordinaire.....	0,482	1,143	1,391	1,499	1,562	1,623	1,695	1,711	1,727
Huile de Galli poli	0,260	0,36[illegible]	0,457	0,470	0,498	0,527	0,553	0,540	0,546
Huile de saindoux.......	0,260	0,265	0,273	0,273	0,298	arrêt	.....	.....	.....
— de navette.	0,368	0,463	0,482	0,491	0,495	0,495	0,495	0,502	arrêt
— de lin	0,434	0,457	0,463	0,461	0,470	0,476	0,476	arrêt	.....

1. Appleton, *Dictionary of mechanics*, vol. II.

précédente montre les chemins parcourus, pendant une période de neuf jours.

Ce procédé est employé au laboratoire de mécanique de l'Institut de technologie Stevens : la surface du plan incliné est en métal au lieu d'être en verre.

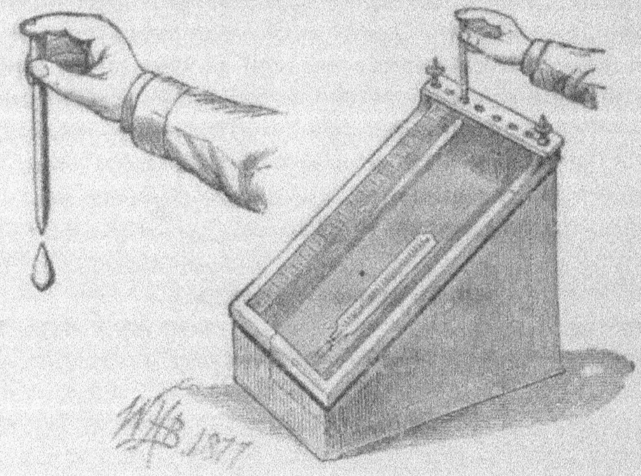

Fig. 7 et 8.

M. W. H. Bailey a construit un appareil (fig. 7) de ce genre, qu'il a modifié ; cet instrument consiste principalement en une plaque de verre très inclinée et maintenue à une température uniforme de 93° (200° F.) au moyen d'un réservoir contenant de l'eau bouillante ; un thermomètre permet de surveiller constamment cette température.

Une goutte d'huile, placée au sommet, descend de plusieurs centimètres et, si on la conserve pendant plusieurs jours, elle montre plus ou moins de tendance à devenir gommeuse. Une échelle, placée sur le côté de l'appareil, permet de mesurer le chemin parcouru par la goutte d'huile. Toute huile, qui semble résineuse après deux ou trois jours d'exposition à la chaleur, doit être rejetée. On emploie, en Suisse, un système similaire pour essayer l'huile destinée à l'horlogerie.

Une expérience très simple pour reconnaître la fluidité de l'huile consiste à y plonger une feuille de papier buvard qu'on retire et qu'on maintient au-dessus de l'huile : on observe ensuite comment les gouttes tombent à la surface de l'huile. Si elles sont bien distinctes, semblables et comme perlées, c'est une preuve de la fluidité de l'huile ; montrent-elles une tendance à s'étendre, cela indique la viscosité.

En conservant l'huile sur le papier, pendant quelques heures, à la température de 93° (200 F.), ou à la température ordinaire, pendant quelques jours, l'observateur pourra également apprécier la tendance qu'une huile peut avoir à s'épaissir.

Une autre méthode consiste à maintenir dans un vase quelconque, les huiles à une température donnée, et à les laisser couler par un orifice de dimension déterminée. Si l'on remplit le réservoir d'une même quantité d'huile, plus il mettra de temps à se vider et moins l'huile sera fluide. Coleman a trouvé que l'huile de spermacéti s'écoulait par un tube en cinq minutes, l'huile minérale en trois minutes, l'huile de lard en sept minutes, un mélange en parties égales d'huile de lard en cinq minutes, l'huile de navette en huit minutes, celle de phoque en six minutes et demie et celle de pied de bœuf en huit minutes et demie.

50. — *Essais chimiques.* — On a proposé un grand nombre de méthodes d'essais chimiques. En général, les chimistes s'occupent d'abord de comparer les densités trouvées avec celles indiqués dans les tables pour les huiles pures.

Le chlore permet de distinguer facilement les huiles animales des huiles végétales ; il brunit les premières et blanchit les autres [1].

Les savants se sont beaucoup occupés de reconnaître les fraudes par des essais chimiques et ont beaucoup perfectionné les méthodes d'analyse.

51. — *Méthode générale d'analyse des huiles* [2]. — Toutes les fois que, outre la détermination des parties constitutives d'une substance, on cherche si elle n'en contient pas d'autres, il est indispensable de procéder avec méthode et de suivre strictement un plan uniforme.

Les méthodes d'analyse sont nombreuses et variées, mais elles sont toutes basées sur les mêmes principes et présentent les mêmes caractères généraux.

En fait, toute méthode d'analyse a recours à certaines réactions qui permettent de diviser les corps considérés en classes bien distinctes comprenant toutes les substances, donnant les mêmes réactions ; on forme ensuite, par la détermination d'autres caractères, des subdivisions dans chacune des classes.

En procédant de cette manière, on arrive à éliminer un certain nombre de substances et, après quelques essais, on connaît suffisamment les éléments constituants pour placer les corps dans telle ou telle classe, division et subdivision. C'est seulement lorsque ce résultat est atteint qu'on doit chercher, par des méthodes spéciales, la nature des corps considérés [3].

52. — C'est une méthode semblable que Château a sui-

1. *Moniteur des produits chimiques*, 1875.
2. Extrait d'un mémoire « *De la falsification des corps gras en général et des huiles en particulier* », présenté à la Société industrielle de Mulhouse, en février 1851, et qui a obtenu la médaille d'argent promise pour cette question et décernée le 26 juin 1861.
3. *Précis d'analyse qualitative* de MM. Gérard et Chancel.

vie pour l'analyse des corps gras en général et des huiles en particulier.

Il propose d'employer des réactions principales permettant d'obtenir une première classification qui facilite la détermination de la nature de l'huile, et conséquemment, permet de juger de sa pureté.

Ces réactions générales sont les suivantes :

1° Le bisulfure de calcium donne un savon jaune qui reste coloré ou perd sa couleur ;

2° Les colorations obtenues au moyen du chlorure de zinc sirupeux ;

3° Les colorations produites par l'acide sulfurique ordinaire ;

4° Celles obtenues par le bichlorure d'étain fumant ;

5° Les couleurs produites, à froid et à chaud, par l'acide phosphorique sirupeux ;

6° Les couleurs produites par le pernitrate de mercure, employé séparément ou conjointement avec l'acide sulfurique.

Ces réactions générales sont complétées par l'emploi de plusieurs autres réactifs : potasse, ammoniaque, acide nitrique, etc., dont on trouvera l'emploi en se reportant à la monographie des corps gras.

Enfin, la nature de l'huile sera sûrement déterminée en essayant les caractères spécifiques et les réactions particulières indiquées dans chaque monographie.

Les essais peuvent se faire dans un grand verre de montre ou une plaque de verre posée sur une feuille de papier blanc, ou dans une petite capsule de porcelaine ; mais, la pratique a toujours fait préférer à M. Chateau le verre de montre.

53. — *Préparation et emploi de ces réactifs. — Bisulfure de calcium. Dissolution de fleur de soufre de pharmacie. —*

On prépare facilement ce réactif en faisant bouillir, pendant une demi-heure, un mélange de fleur de soufre avec un lait de chaux, on filtre ensuite. Ce bisulfure doit être, suivant M. Chateau, autant que possible, préparé plusieurs jours avant de s'en servir.

Chlorure de zinc sirupeux. — On le prépare en dissolvant de l'oxyde de zinc dans l'acide chlorhydrique pur jusqu'à saturation, puis en évaporant à siccité. On fait ensuite une solution aqueuse et sirupeuse du produit desséché. On peut aussi prendre du beurre de zinc (chlorure de zinc anhydre) tombé en déliquescence.

Acide sulfurique du commerce (incolore). — S'emploie dans la proportion de trois ou quatre gouttes pour dix ou quinze gouttes d'huile.

Dans le verre de montre, l'huile occupe, comme surface, environ une pièce de un franc.

Bichlorure d'étain fumant. — Se trouve chez tous les marchands de produits chimiques. C'est la liqueur fumante de Libavius.

Acide phosphorique sirupeux. — Dissolution très concentrée résultant de l'action de l'acide azotique sur le phosphore. On peut le préparer, mais le mieux est de l'acheter chez les marchands de produits chimiques.

Pernitrate de mercure. — On le prépare en dissolvant du mercure dans un excès d'acide nitrique pur. L'emploi de ce réactif est de deux sortes, soit en observant les colorations produites par ce sel seul, soit en ajoutant de l'acide sulfurique sur la masse huileuse après l'action du sel de mercure.

Potasse caustique. — En solution concentrée. Château emploie la potasse à l'alcool.

Ammoniaque. — Celle du commerce incolore.

Acide nitrique pur. — Celui du commerce.

Pour se servir de ces réactifs, on en verse quelques gouttes (quatre ou cinq) sur l'huile qui est placée dans un verre de montre et couvre une surface égale environ à celle d'une pièce d'un franc.

Avec les huiles solidifiées, les graisses, les suifs et les cires, on emploie quatre ou cinq gouttes de réactif avec gros comme un pois de la substance à essayer.

54. Les tables suivantes donnent le résumé des réactions que les huiles présentent, lorsqu'on les soumet, dans les mêmes conditions, à l'action des réactifs dont on vient de parler.

Pour la facilité des recherches, les huiles sont classées en siccatives, non siccatives, ou fines et animales.

Bisulfure de calcium		
donne une couleur jaune d'or ne se décolorant pas		
huiles siccatives	huiles non siccatives	huiles animales
de lin d'Angleterre	d'olive surfine	de pied de bœuf
de lin (nord de l'Europe)	d'olive d'éclairage)	de suif (acide oléique dégageant de l'hydrogène sulfuré, coloration d'un gris-sombre)
de lin de Bayonne	d'amandes douces	de spermacéti (huile de cachalot)
de lin de l'Inde	de colza	
d'œillette	de navette	
de noix	de sésame	
	de cameline	
	de coton	

NOTE. — On ajoute le réactif et on remue avec un agitateur, il faut rarement en jaune faible.

Chlorure de zinc				
masse blanche ou légèrement jaunâtre, ou pas de coloration			jaune (J), jaune orange (J,O) brun foncé (B,F)	
huiles siccatives	huiles non siccatives	huiles animales	huiles siccatives	huiles non siccatives
d'œillette	de sésame	de pied de bœuf (Paris)	de lin d'Angleterre (J)	de navette
de pavot blanc	d'amandes douces (à chaud)	de pied de bœuf (Buenos-Ayres)	de ricin jaune-rose	d'arachide
de noix		de pied de mouton		de faine (B,C)
		de pied de cheval (à froid)		de coton (B F)
		de cachalot		
		de baleine (sans couleur)		
		de foie de morue (pressée à froid)		

Coloration :		
donne un savon jaune d'or, perdant rapidement sa couleur par l'agitation et devenant jaune serin ou jaune pâle		
huiles siccatives	huiles non siccatives	huiles animales
de pavot blanc de chènevis (de vert noirâtre devient jaune verdâtre sale) de ricin	d'olive (à manger ordinaire) d'olive (d'enfer) d'arachide de faîne d'olive (de recense) savon dense, jaune devenant vert d'herbe, puis blanc-verdâtre	de pied de bœuf (Buenos-Ayres) de pied de cheval de phoque de poisson de baleine, de morue, de raie } de Dunkerque

plus d'une douzaine de tours pour obtenir une couleur jaune d'or, qui se modifie

Coloration :			
rose claire (R.C)	jaune verdâtre (J. V.), verte (V), vert bleuâtre (V. B)		
huiles animales	huiles siccatives	huiles non siccatives	huiles animales
de pied de cheval (jaune à chaud) de baleine (J. B. à chaud) de suif de poisson de phoque (R. B.) de foie de raie (J.R.) à froid	de lin (de l'Inde) de lin (de Bayonne) de lin (du Nord)	de colza de cameline d'amandes douces (à froid) d'olive surfine (verdâtre) d'olive ordinaire d'olive d'éclair. d'olive (d'enfer) de recense (reste verte)	de foie de morue (à chaud) de foie de raie (à chaud)

Acide sulfurique			
Sang-dragon (S. D), rouge brun foncé (R. B. F.), rouge brun (R. B.)			Jaune (J), jaune foncé (J. F) jaune
huiles siccatives	huiles non siccatives	huiles animales	huiles siccatives
de lin (du nord) de lin (de Bayonne) de lin (de l'Inde) avec agitation de noix (avec agitation)	d'arachide de faine (agitater) de coton	de pied de bœuf (Buenos Ayres) avec agitation de pied de cheval (avec agitation) de suif de poissons (brun noir) de phoque (S. D.) foncé) de cachalot (R. B.) de foie de morue (R violet, R. cramoisi, agitation; violet bleu, puis S. D.) de foie de raie (d°)	de lin (de l'Inde) (J.O.) sans agitation d'œillette (clair puis J. O.) de pavot blanc (J. clair J. d'or et J. O.) huile de ricin (J. clair puis J. R.)

Bichlorure d'étain fumant.				
Jaune, jaune clair (J. C.), jaune d'or (J. d'Or.) pas de coloration			Rouge brun, brun clair jaune brun	
huiles siccatives	huiles non siccatives	huiles animales	huiles siccatives	huiles non siccatives
d'œillette de ricin	d'olive (surfine) — ordinaire de sésame (J. C.). d'amandes douces (pas de coloration)	de pied de bœuf (de Paris) de pied de mouton (J.P.)	de lin (anglaise) (J. B.) de lin (du nord) de lin (de Bayonne) de lin (Inde) de pavot bl. (Inde) (J. R.) de noix (J. R.)	d'olive (d'enfer) (J. R.) d'arachide (clair) de cameline de faine (J. R.) de coton (J. O.)

Colorations :				
jaune rougeâtre (J. R.), orange (J. O.)		Veines vertes ou colorations vertes, ou verdâtres, par l'agitation		
huiles non siccatives	huiles animales	huiles siccatives	huiles non siccatives	huiles animales
d'olive surfine (J. sans agitation) d'olive ordinaire (J. sans agitation, J. R. avec agitation) d'olive (d'enfer). (J., puis J. R.) de sésame de faine (J. F. sans agitation) d'amandes douces (J. sans agitation) de cameline J. R.	de pieds de bœuf, (Paris) (J. puis J. O. de pied de mouton (J. et J. R.)	de chènevis de lin d'Angleterre (avec agitation)	de colza de cameline (veines vertes) d'olive surfine de sésame (par l'agitation) de navette d'amandes douces (J. verdâtre avec agitation)	

Coloration instantanée :			
jaune rougeâtre (J. R.). (J. B.)	Verte, vert légèrement bleuâtre, vert bleuâtre (V. B.)		
huiles animales	huiles siccatives	huiles non siccatives	huiles animales
de pied de bœuf (de Buenos-Ayres (J. R.) de pied de cheval (J. R.) de suif (J. R.). de baleine (J. O.) de cachalot (J. B. purpurées) de phoque de poisson (J. B. foncé)	de lin (anglais) veines vertes de lin (nord) v. bleuâtre de lin (Bayonne) (V. B.) de lin (Inde) (V. B.) de chènevis	d'olive (éclairage de navette de colza	de foie de morue (bleu violet, violet rouge, violet pensée, cramoisi, sang-dragon). de raie ; d°

Bichlorure Couleur de la masse				
Jaune. Jaune clair (J. C.), jaune vif (J. V.), jaune paille (J. P.), jaune serin (J. S.).			Brune. Rouge brun clair (B. R.), jaune	
huiles siccatives	huiles non siccatives	huiles animales	huiles siccatives	huiles non siccatives
d'œillette de pavot blanc de ricin (J. pâle)	d'olive (surfine (J. vif) de sésame d'amandes (J serin)	de pied de mouton (J. rose pâle)	de lin (anglaise (B.R. claire) de lin (nord) (gris brun) de lin (Inde) (J. R)	d'olive (ordinaire (J. O.) d'olive (d'enfer (J. B) de colza d'arachide (R. B.) de faine (J. R.) de coton

Acide Coloration			
Blanches. Pas de coloration, décoloration gris légèrement jaunâtre			Jaune paille (JP.)
huiles siccatives	huiles non siccatives	huiles animales	huiles siccatives
l'œillette (Bl.) pavot blanc (Bl.) de noix (Bl.) de ricin (Bl.)	d'amandes douces (décoloration) de navette (d°) de cameline (d°)	de pied de bœuf (de Paris) de pied de mouton	de lin (Nord) d° (Bayonne) — (Inde)

d'étain fumant. solidifiée ou épaissie			
jaune orange (J. O.), rouge (J. R.)	Verte, Vert verdâtre, vert sale, vert foncé		
huiles animales	huiles siccatives	huiles non siccatives	huiles animales
de pied de bœuf de Paris, (J. O.) —(Buenos-Ayres(J.O) de pied de cheval (J.O.) de suif (ne se solidifie pas, B. R.) de baleine (acaj. clair) de cachalot (J. O.) de phoque (R.B.foncé) de poisson (sépia foncé) de morue (O. foncé) de raie d°	de chènevis (vert foncé)	d'olive éclairage (vert sale) de navette (vert sale)	de raie (V.J.) rougeâtre)

phosphorique à froid				
Jaunes jaune d'or (J. d'or), jaune orangé (J. O.)		Verte, vert, verdâtre, bleu, vert foncé		
huiles non siccatives	huiles animales	huiles siccatives	huiles non siccatives	huiles ani-males
de sesame (J. P et J. O) d'arachide (J. P.) de coton (J. d'or)	de baleine (J P. puis J. O) de pied de bœuf (Buenos-Ayres) de pied de cheval (J. O.) de suif (J. P.) de cachalot (J. P.) de phoque (R. brun clair) de poisson (J. R.) de morue (J.R.) de raie (J.d'or)	de lin (angl.) — (Nord) — (Bayonne) de chènevis (V. F.)	d'olive surfine — ord^{re} — d'éclair. — d'enfer de colza de navette de cameline	

Acide Colorations					
Pas de coloration			Jaunes. Jaune d'or (J. d'O.), jaune orangé (J. O.), jaune rougeâtre (J. R.), jaune clair (J. C.)		
huiles siccatives	huiles non siccatives	huiles animale	huiles siccatives	huiles non siccatives	huiles animales
d'œillette	d'olive superfine d'olive d'éclair	de pied de mouton	de lin (nord J. B.) — (Bayonne (J. B.) pavot blanc (J. B.) de chènevis (J. R.) de noix (J.B.) de ricin (J.B.)	d'olive, ordinaire — d'enfer) (J. R.) d'amandes douces (J. pâle) de colza — de navette — d'arachides (J. d'o) de caméline (J. pâle) de sésame — de faîne — de coton —	de pied de bœuf (Paris) (J. clair) de pied de bœuf (Buenos-Ayres) (J. d'o.) de pied de cheval (J. d'o.) de suif (J. d'o) de cachalot (J. B.)

Pernitrate Couleurs obtenues par			
Emulsion blanche, gris, ou pas de coloration			jaune pâle, jaune d'or
huiles siccatives	huiles non siccatives	huiles animales	huiles siccatives
d'œillette (blanche légèrement de pavot blanc de noix (pas de coloration) de ricin (blanc)	d'amandes douces (blanc grisâtre) de sésame (bla.) de faîne (pas de coloration)	de pied de bœuf (de Paris) de pied de mouton (blanc) de suif (pas de coloration) de cachalot —	de lin (nord) (J. P.) — (Bayonne) (J. P.) — (Inde) (J. pâle avec veines de jaune foncé. — (anglaise) (J. pâle.)

phosphorique à chaud					
Brun rouge, brun noir			Mousse, Blanche ou grise (G), noire ou noirâtre (N.)		
huiles siccatives	huiles non siccatives	huiles animales	huiles siccatives	huiles non siccatives	huiles animales
		de phoque (B. N.) de poisson (B. N.) de baleine (B. R.) de morue (V. noirâtre.) de raie R.	de sésame (verdâtre) de lin (nord) (noirâtre) — (Bayonne) (grise) — (Inde) (noirâtre) de pavot bla. (grise) de chènevis (G. et verdâtre) de ricin (B.)	d'olive ordinaire (G.) d° d'enfer (G.) de colza (B.) de navette (N) d'arachide (G) de cameline (G.) de faîne (N.) de coton (G.)	de pied de bœuf (noirâtre). de phoque de poisson de baleine (N. verdâtre) de cachalot (G.) de morue (G. verdâtre) de raie (G. noirâtre)

de mercure l'emploi du sel seul				
Jaune, jaune serin, jaune orange, jaune paille (J. P.)		Vertes. verdâtre, vert d'eau, vert bleuâtre		
huiles non siccatives	huiles animales	huiles siccatives	huiles non siccatives	huiles animales
d'olive (d'infect.) (J. serin) de navette (J. paille) d'arachide (J. pâle) de cameline (J paille) de sésame (J. O.) de coton (J. pâle)	de pied de bœuf (de Paris) (J. R.) de pied de cheval (J. O.) de baleine (J. pâle) de phoque (J. rougeâtre) de poisson (J. d'o.) de morue (J. paille) de raie (J. pâle)	de lin (anglaise) de chènevis (verdâtre après agitation)	d'olive superfine (J. verdâtre — ord^{re} (J. verdâtre) — d'éclairage (vert d'eau, J. verdâtre) de colza de navette (vert d'eau) de cameline (vert pâle)	

Pernitrate Colorations obtenues en ajoutant de Aspect de la liqueur					
Grises, Gris chair, gris brun, gris verdâtre, rose			Jaunes. Jaune rougeâtre (J. R.), jaune orange (J. O.)		
huiles siccatives	huiles non siccatives	huiles animales	huiles siccatives	huiles non siccatives	huiles animales
de chènevis (gris verdâtre par l'agitation)	de colza (couleur chair, sale puis gris clair)	de pied de mouton (rose chair)	de lin (nord) (devient jaune sale) de lin de (Bayonne) (J. R.) de lin (Inde) (J. sale) de lin (anglaise) (J. foncé) d'œillette (Inde) J. R. de ricin (J. d'o. d'abord, puis J. serin)	d'olive ordinaire. (J. R.) d° (d'enfer) (J. R.) de sésame (veines vertes, puis J. O.)	de pied de bœuf (Buénos-Ayres) (J. R. d'abord) de pied de cheval (J. brun sale d'abord)

de mercure.

l'acide sulfurique après l'action du sel de mercure.
surnageant le précipité.

Brunes. Terre de Sienne (B. S.), brun rouge (B. R), brun chocolat clair et foncé			Dégagement des vapeurs nitreuses, effervescence subite		
huiles siccatives	huiles non siccatives	huiles animales	huiles siccatives	huiles non siccatives	huiles animales
de lin (nord) sépia (B. R. puis J. sale) de lin (de Bayonne) (sépia B. R. puis J. sale) de lin (Inde) (B. R.) d'œillette (B. foncé) de noix (B. clair, B. foncé, B. noirâtre) de ricin (B. foncé) de chènevis (B. R. foncé sans agitation)	d'olive, superfine (B. S. grisâtre) d'olive d'éclairage (B. R.) d'amandes douces (chocolat clair) de colza (rose brunâtre, puis B. clair) d'arachide (chocolat) de cameline (B. R. puis chocolat) de faîne (B. R. clair) de coton (chocolat clair)	de pied de bœuf (de Paris) (B. chocolat) de pied de bœuf (de Buenos-Ayres) (B. R., B. C.) de pied de cheval (B. R., B. chocolat) de suif (B. chair clair) de baleine (B. chair foncé) de cachalot (B. clair et noir) de phoque (Br. noir) de poisson (Br. noir) de foie de morue (B. foncé) de foie de raie (B. sépia.)	de lin (du nord) de lin (de Bayonne) de noix de ricin		de suif de phoque
			Les autres huiles siccatives ne font pas effervescence de cette manière.		

55. — *Mode d'emploi des tableaux précédents.* — Avant de faire les essais décrits dans ces tableaux, il est bon de noter les indications fournies par des moyens organoleptiques; en effet, l'odeur, le goût, la couleur, la consistance, sont des caractères servant à reconnaître la sophistication.

Plusieurs cas se présentent dans l'analyse des huiles.

1° Étant donnée une huile du commerce, dont le nom est inconnu, déterminer sa nature (non étiquetée ou étiquette effacée);

2° Sachant à quelle classe une huile appartient, mais ne connaissant pas son nom, chercher quelle est cette huile, sachant simplement, par exemple, que cette huile est siccative, non siccative ou animale ;

3° Ayant trouvé le nom de l'huile, savoir si elle est pure ou mélangée.

Le chimiste et le consommateur sont souvent appelés à résoudre ces trois questions, particulièrement la dernière.

Premier cas. — N'ayant aucune donnée sur une huile, déterminer son nom. On essaiera d'abord le bisulfure de calcium comme il est indiqué dans la préparation des réactifs.

Supposons, par exemple, que l'huile donne une émulsion d'un jaune d'or, qui ne se décolore pas. L'huile essayée ne peut donc être que de l'huile de lin, de noix, d'olive, d'amandes douces, de colza, de navette, de sésame, de cameline, de coton, de pied de mouton, de suif ou de cachalot. Si la réaction ne donne lieu ni à une effervescence ni à un dégagement d'hydrogène sulfuré, le produit n'est pas de l'huile de suif : cette dernière se trouve donc éliminée.

Faites passer ensuite un courant de chlore, pendant un quart d'heure ; s'il ne se produit pas de coloration noire, et ce n'est pas l'huile de cachalot.

Essayez le chlorure de zinc : ce réactif donne une coloration verte, verdâtre, vert bleuâtre ; la table indique les huiles de lin (de l'Inde, de Bayonne et du nord de l'Europe), de colza, de cameline, d'amandes douces, l'huile d'olive épurée et les autres sortes d'huile d'olive, l'huile de foie de morue, l'huile de foie de raie.

L'huile essayée ne peut pas être une des suivantes : huile d'olive de qualité inférieure, de foie de morue ou de foie de raie. Le bisulfure de calcium l'aurait indiqué : d'un autre côté, ce n'est pas de l'huile de navette, de coton, de lin (anglaise) ou de pied de mouton ; le chlorure de zinc l'aurait fait reconnaître.

Notre recherche se trouve limitée aux huiles d'olive de qualité supérieure, de lin (de l'Inde, de Bayonne et du nord de l'Europe), de colza, d'amandes douces et de cameline.

Essayez l'acide sulfurique. Supposons qu'il donne, par exemple, une coloration d'un brun rougeâtre ou sang dragon. Consultant les tables, on voit que cette réaction indique l'huile de lin de différents pays et une série d'huiles fines (non siccatives) et animales qui ont été éliminées par les essais précédents.

On est donc en présence d'une huile de lin dont il ne reste plus qu'à déterminer l'origine au moyen des réactions spéciales indiquées dans la monographie de l'huile de lin.

Il est évident qu'on pourrait suivre un autre ordre d'opérations, mais il est indispensable de commencer par le bisulfure de calcium. Ce réactif permet de diviser les huiles en deux groupes principaux et permet de procéder du simple au composé.

Deuxième cas. — Étant donnée une huile fine, trouver son nom.

Essayez par le bisulfure de calcium. Ce réactif peut donner, par exemple, une émulsion jaune d'or qui conserve sa couleur.

Ce ne peut pas être l'huile d'olive de qualité inférieure, ni d'arachide ou de farine. Il est donc inutile d'employer le chlore.

Passons au chlorure de zinc. On peut obtenir, par exemple, un vert légèrement bleuâtre; l'huile n'est pas celle d'olive de qualité inférieure, de sésame, de navette ou de coton. On reste en présence de l'huile d'olive surfine ou d'éclairage, de l'huile de cameline ou de l'huile d'amandes douces.

Essayez l'acide sulfurique. Ce réactif donne, par exemple, une couleur d'un jaune rougeâtre. Les huiles de colza et d'olive pour l'éclairage sont éliminées et il reste celles de cameline, d'amandes douces et d'olive superfine.

Employez le bichlorure d'étain fumant. Une couleur rouge bien clair peut apparaître instantanément avec un précipité de couleur jaune paille ou jaune clair.

La première réaction élimine les huiles d'amandes douces et d'olive, de qualité supérieure; la seconde réaction confirme la première. L'huile essayée doit donc être celle de cameline. Les réactions spéciales, indiquées dans la monographie de cette huile, permettent de s'en assurer.

On a choisi les exemples les plus défavorables afin de montrer avec plus de détails la manière d'opérer avec les réactifs.

Si on avait obtenu un savon perdant sa couleur, les recherches se seraient trouvées limitées à quatre huiles. Dans ces conditions, le travail est extrêmement simplifié.

Un procédé similaire permet de trouver le nom d'une huile animale quelconque.

Le bisulfure de calcium effectue une première division: trois huiles d'une part et huit de l'autre. Si les caractères indiquent une des huit, l'emploi du chlore éliminera celles de poisson et on n'aura plus à décider qu'entre celle de pied de bœuf et celle de pied de cheval.

Troisième cas. — Contrôler la pureté d'une huile dont on possède le nom.

Ici les recherches sont limitées. Comme une huile n'est jamais fraudée qu'au moyen d'une autre, d'un prix moins élevé, il est généralement assez facile de savoir, au préalable, avec quelle catégorie limitée la falsification a été possible. Il est également évident qu'une huile n'est jamais mélangée qu'avec une huile de qualité inférieure possédant des propriétés similaires. Ainsi, une huile comestible ne pourrait pas être fraudée par une huile à odeur trop prononcée, comme l'huile d'olive par celle de poisson, etc.

Il faut dire aussi que la différence de prix n'empêche pas toujours la fraude ; car, les prix varient suivant les saisons et même du jour au lendemain. Ainsi, au moment où ce livre est écrit, par exemple, l'huile de colza est très chère tandis que celle de lin est bon marché. L'altération de l'huile de colza par celle de lin est donc tout à fait probable (elle se pratique sur une grande échelle) ; mais, dans la saison précédente, c'est le contraire qui avait lieu.

Soit, par exemple, à déterminer la pureté d'une huile d'œillette comestible.

Après avoir recherché et noté les indications des essais organoleptiques, on fait l'épreuve avec le bisulfure de calcium. Supposez qu'on obtienne un savon qui garde sa couleur ; toutes les huiles qui donnent un savon perdant sa couleur se trouvent éliminées.

Sans autre essai, un simple examen des tableaux fera voir que les trois huiles animales de pied de mouton, de spermacéti et d'acide oléïque sont aussi éliminées, puisqu'elles ont une odeur et un goût caractéristiques. Les huiles de lin ont aussi une odeur particulière et ne sont pas comestibles ; l'huile d'olive superfine est trop chère et celle d'éclairage a une odeur et un goût particuliers ; il y a donc lieu de supposer qu'elles n'entrent pas dans le mélange ; il en est de même de l'huile de coton, à cause de sa couleur et de son goût, et de celle d'amandes douces, à cause de son prix. Il reste donc à chercher parmi les huiles d'œillette, de noix, de colza, de navette, de sésame et de cameline.

Essayez le chlorure de zinc ; supposez qu'il produise une masse blanche ou légèrement jaunâtre. Cette réaction élimine l'huile de colza, de navette et de cameline et il ne reste plus que l'huile d'œillette, de noix et de sésame.

Essayez ensuite l'acide sulfurique qui peut vous donner une couleur jaune rougeâtre. Comme l'huile de noix ne donne pas cette réaction, il reste l'huile de sésame et celle d'œillette.

Par l'essai du bichlorure d'étain fumant, on obtient une coloration jaune faible et une masse solidifiée jaune paille ; ces réactions indiquent les huiles d'œillette et de sésame; on est donc certain que cette dernière a servi à frauder l'huile d'œillette.

Essayez ensuite l'acide phosphorique. Il donne une couleur jaune pâle ou jaune orange ; la présence de l'huile de sésame est confirmée, puisque celle d'œillette donnerait une émulsion blanche. Enfin, en se reportant à la monographie de l'huile de sésame, l'emploi du réactif de Behrens en fera infailliblement reconnaître la présence.

On a encore choisi un exemple difficile : celui dans lequel l'huile a été altérée par le mélange d'une autre ayant les mêmes caractères et donnant à peu près les mêmes réactions.

Cette méthode s'applique également aux huiles concrètes, aux graisses et aux suifs.

Parmi les altérations les plus fréquentes, on cite la fraude de l'huile de spermacéti par celle de dauphin ou celle de baleine ; le mélange d'huile de coton avec les bonnes qualités d'huiles de graisse ; l'introduction d'huile d'arachide dans l'huile d'olive et l'addition d'une eau fortement alcaline, ou de plâtre à l'huile de suif. La plus grande partie des huiles à graisser sont des mélanges et le plus habituel est celui des huiles minérales avec les huiles végétales.

56. — *Instruments destinés à l'essai des lubrifiants.* — L'essai le plus important auquel on soumet les corps destinés au graissage des machines s'exécute au moyen d'appareils spécialement construits pour cet usage et a pour objet de déterminer la valeur *propre* des lubrifiants avec une grande exactitude.

Afin de savoir si une huile sera convenable pour l'emploi auquel on la destine, ou dans quels cas elle convient spécialement, il est toujours nécessaire de savoir comment elle se comporte dans les différentes conditions qu'on est appelé à rencontrer dans la pratique, c'est-à-dire qu'une huile essayée sur un tourillon de même matière que celui qu'elle doit graisser, ce tourillon ayant la même vitesse et supportant la même pression dans l'essai que dans la pratique, cette huile, dis-je, permettra de voir comment elle se comporte, et si elle est capable ou dans l'impossibilité de remplir le but qu'on a en vue. Il est nécessaire, pendant l'essai, de mesurer le frottement produit et de déterminer son coefficient qui, comme on l'a vu, en est la mesure, de noter le laps de temps pendant lequel cette huile peut durer et la température du coussinet ; cela fait, on déduit le pouvoir lubrifiant de la substance expérimentée.

On a inventé un grand nombre de machines, destinées à ces essais, mais il n'y en a guère que deux ou trois qu'on emploie habituellement.

Une des plus anciennes est celle de Mac-Naught (fig. 8

et 9). Elle se compose de deux disques : le supérieur est fou et l'inférieur est monté sur une broche, sur laquelle est également fixée une poulie servant à transmettre le mouvement. L'huile est interposée entre les disques et le frot-

Fig. 8.

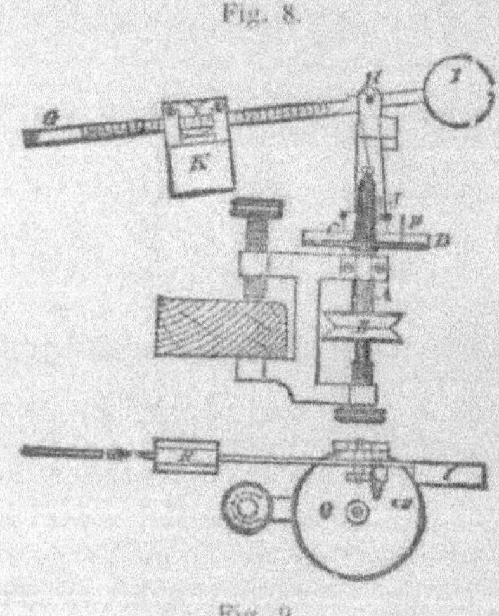

Fig. 9.

tement tend à les faire tourner ensemble. Cette tendance au mouvement est contrebalancée par une goupille, fixée à la partie extérieure du disque fou, laquelle goupille vient en contact avec le bras le plus court d'un levier coudé, dont le grand bras porte un poids mobile pouvant être déplacé et servant à mesurer le frottement.

La fig. 8 montre cette machine en élévation et la fig. 9 en est le plan. Elle consiste en un disque D, fixé sur l'arbre A, mené par une poulie B ; au-dessus de D est un autre disque C qui peut tourner librement sur l'arbre A. L'huile à essayer est placée entre ces disques : celui inférieur étant en mouvement, le frottement tend à entraîner le disque supérieur, mais il en est empêché par une goupille F, qui se trouve en contact avec une autre *f*, fixée à l'extrémité d'un bras de levier en T, GHIF, mobile autour du point H. Un poids mobile K peut glisser sur le bras GH sur lequel sont portées les divisions ; un contrepoids I est

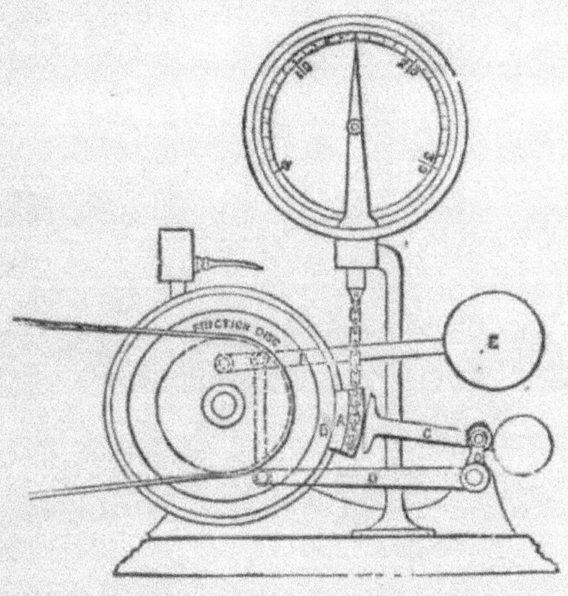

Fig. 10.

attaché à l'extrémité opposée du levier et a pour objet de rendre la machine plus délicate. Il est évident que la résistance due au frottement des deux disques peut être mesurée au moyen du poids P, suivant la position qu'il occupe.

Cet instrumment n'est pas suffisamment complet et, par suite même de sa construction, ne peut pas donner de résultats très exacts.

La machine de Naper (fig. 10) se compose d'une roue B, dont la jante, très large et très unie, est en contact avec un sabot de frein A, dont la pression est variable, suivant la disposition des poids dont l'effort se transmet au moyen du levier D et F. La tendance de la roue à entraîner le sabot est contrebalancée par un autre levier C qui sert à mesurer le frottement.

Fig. 11.

Une autre machine, depuis longtemps connue en Europe et récemment introduite aux Etats-Unis, est celle de MM. Inghan et Stapfer. Elle consiste en un arbre tournant sur deux coussinets entre lesquels se trouve un troisième tourillon : ce dernier a des coussinets auxquels on fait supporter des pressions variables au moyen de leviers chargés de poids.

Un thermomètre, placé dans la partie supérieure du coussinet, permet d'observer la chaleur de ce coussinet. Dans cette machine, le frottement ne peut pas être mesuré : elle permet d'étudier la durée d'une huile en son pouvoir calorifique. Cette machine, construite par MM. Bailey et Cie, de Salford, a été très employée en Europe, pendant plusieurs années. Elle a été construite aux États-Unis par M. Asteroft, de Boston, et est connue sous le nom de ce fabricant. Une machine similaire, beaucoup plus forte, a été employée à l'arsenal maritime de Brooklyn, pendant plus de dix ans, et a servi aux essais de MM. King, Stivers et Price, du corps des ingénieurs de la marine des États-Unis.

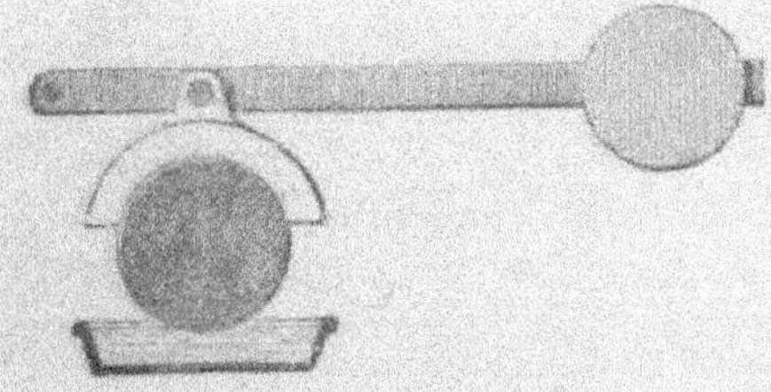

Fig. 12.

Le croquis (fig. 12) montre une modification de la machine de Bailey pour essayer la durée des huiles.

Le réservoir qu'on voit autour des tourillons contient une quantité d'huile qu'on pèse soigneusement au commencement de l'essai et après plusieurs heures de marche, quand une portion se trouve employée ou oxydée.

La fig. 13 montre la même machine appliquée à l'essai des lubrifiants solides, tels que le saindoux et le suif.

La fig. 14 montre le dynamomètre de Crossley, tel que le construit Bailey, pour la mesure du frottement des pivots, lorsqu'on veut comparer les résultats fournis par diverses qualités d'huiles.

Il se compose d'un petit dynamomètre de transmission, soigneusement exécuté, à travers lequel passe le pivot : il indique, au moyen d'une aiguille qui se meut sur un cadran gradué, la force avec laquelle le frottement s'oppose au mouvement de révolution dans les circonstances que l'on compare.

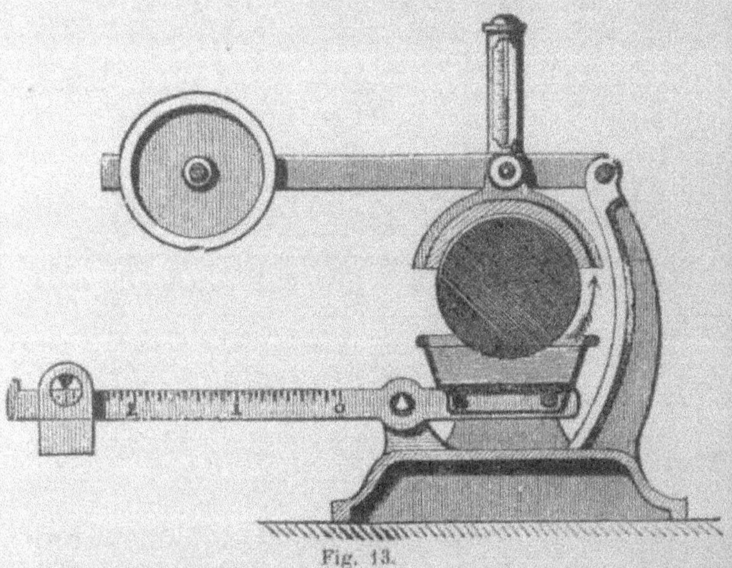

Fig. 13.

Cette machine a été employée pour les essais de résistance relative faits à Cleveland et dont on parlera plus loin.

Une autre machine très simple, de Bailey, est celle reproduite fig. 15.

Le pendule porte un anneau placé à un tiers de sa longueur au-dessous du point de suspension. Cet anneau sert à transmettre le mouvement du pendule à un petit bloc de bronze glissant sur une table située à la même hauteur et supportée par une console ; la partie inférieure du pendule se meut sur un arc gradué.

L'essai consiste à mettre une goutte d'huile entre le bloc et la table et à noter le nombre d'oscillations effectuées par le pendule avant l'arrêt.

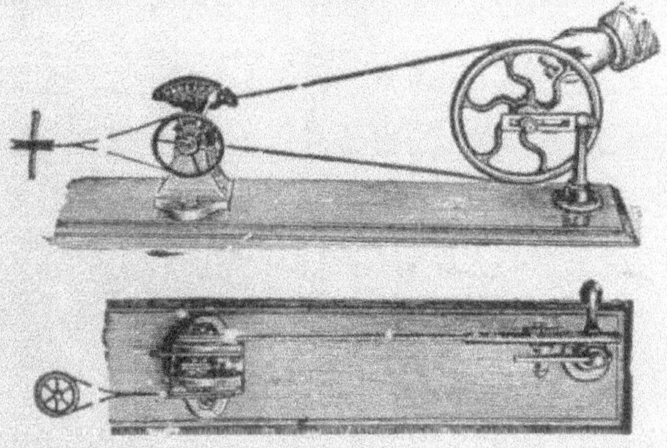

Fig. 14.

Parmi les autres formes de machines, on doit mentionner celle du *Lake Shore and Michigan Southern Railway*[1], à Cleveland, qui se compose d'un essieu de chemin de fer marchant avec une vitesse donnée et avec une charge convenable. Elle est munie d'un compteur et d'un thermomètre et la force employée pour le mouvoir est mesurée par un dynanomètre. On a obtenu de bons résultats avec cette machine.

1. Voir la *Railroad Gazette* du 15 juin 1877.

Un appareil similaire a été employé aux ateliers de la Cie du *Great Western Railway*, à Hamilton (Canada), mais

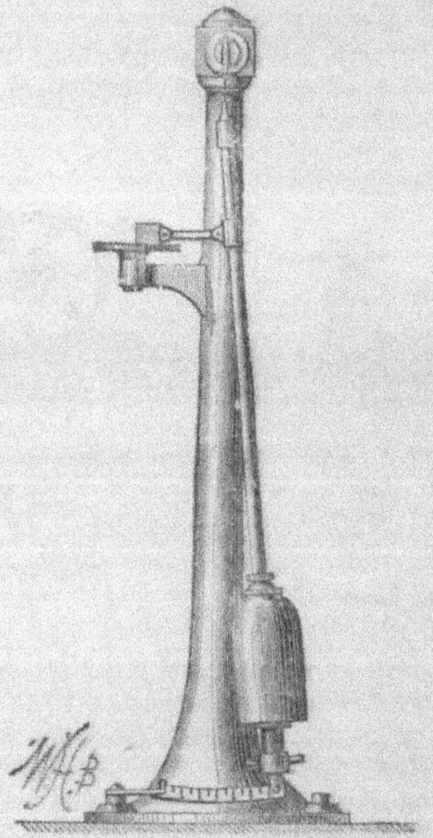

Fig. 15.

sans dynanomètre, et M. A. H. Van Cleve s'est servi d'une machine a peu près semblable pour la série d'expériences qu'il a exécutées pour le *Camden and Amboy Railroad*.

Une modification de l'appareil de Mac Naught, faite par M. Hoogson, a rendu son emploi beaucoup plus avantageux.

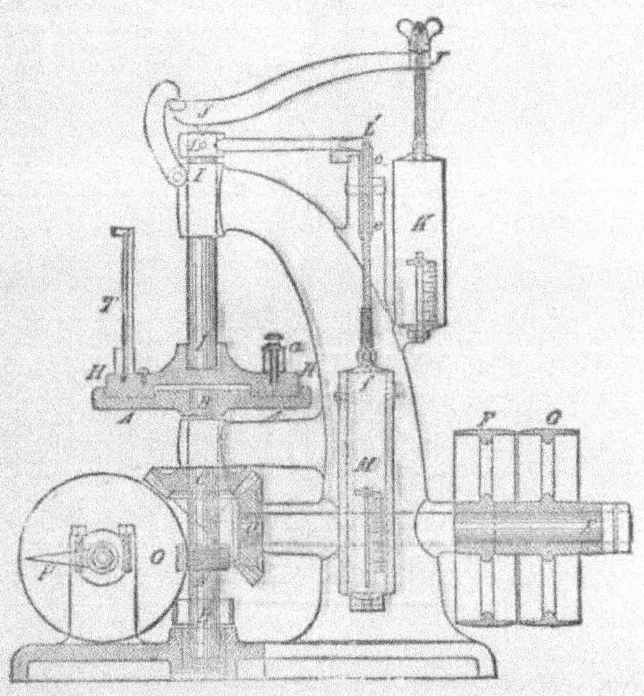

Fig. 16.

La fig. 16 montre une élévation latérale de cette machine avec coupe de quelques détails ; la fig. 17, avec vue de face et la fig. 18, le plan. Elle se compose d'un plateau horizontal AA (fig. 16 et 17), claveté sur un arbre vertical BB, entraîné par une paire de roues d'angles C et D, cette dernière fixée sur un arbre horizontal portant deux poulies : l'une fixe, E, et l'autre folle, *a*, qui reçoivent leur mou-

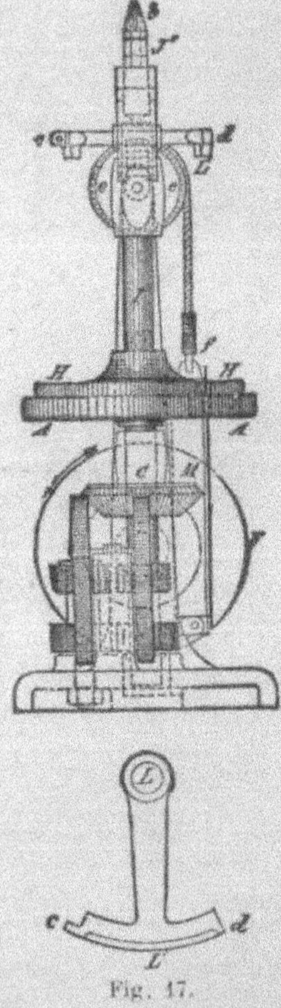

Fig. 17.

vement par une courroie. Le plateau AA porte, à la partie supérieure, une rainure circulaire, ou réservoir, dans laquelle porte bien exactement un plateau correspondant HH, ajusté un peu librement sur l'arbre II, qui lui sert d'axe de rotation. L'huile à essayer est placée dans la rainure annulaire entre les deux plateaux, ou dans un graisseur *a*, placé sur le plateau supérieur. Au sommet de l'arbre I se trouve un levier JJ', qui porte sur le centre J, et auquel on transmet, au moyen d'une balance à ressort K, la pression voulue qu'on fait varier par le déplacement d'un écrou à oreilles *b* qu'on déplace à la main. Il est clair que, lorsqu'on charge le plateau supérieur, il est entraîné, ainsi que

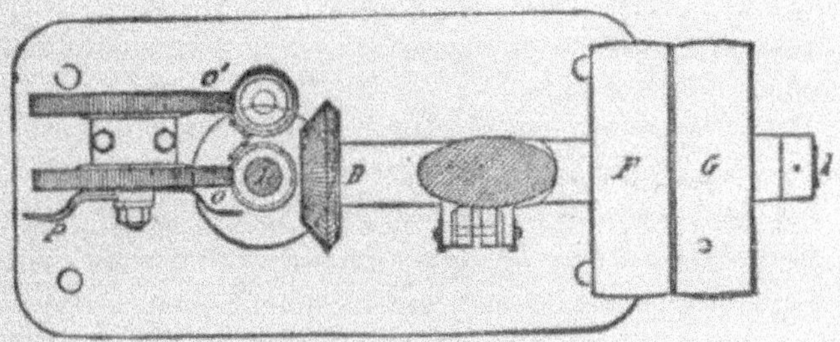

Fig. 18.

l'arbre I auquel il est fixé, par le plateau inférieur, qui est en mouvement : la résistance à ce mouvement du plateau supérieur est obtenue au moyen d'un levier LL' (fig. 17), en plan, terminé par un secteur *cd*, à son extrémité extérieure. Ce levier est fixé à la partie supérieure de l'arbre II ; une corde L' *f* est attachée au secteur, en *c*, et s'enroule sur sa circonférence extérieure ; elle passe ensuite sur une poulie de renvoie *ee*, et, se dirigeant vers le bas, se termine par une balance à ressort M. Il est facile de comprendre que, lorsque la machine est mise en marche, le frottement des deux plateaux l'un sur l'autre fera que le supérieur sera entraîné et, par l'intermédiaire du levier

L et de la corde L'F, comprimera le ressort de la balance M jusqu'à ce que la résistance du ressort soit égale à la résistance du frottement développé entre les deux plaques et celle de l'huile placée pour être essayée entre les plateaux.

Un thermomètre T est fixé au plateau supérieur pour indiquer l'élévation de température. L'arbre B porte une vis sans fin, transmettant le mouvement à des roues d'engrenages O et O' convenablement disposées, et qui, en indiquant les tours faits par la machine, constitue un compteur de révolution. On voit donc que cet appareil permet de déterminer le coefficient de frottement de l'huile et l'élévation de température résultant du travail développé par les pressions sur les plateaux et le nombre de tours faits dans un temps donné.

C'est la première des machines à essayer les lubrifiants, qui satisfasse à toutes les conditions exigées.

On peut introduire, dans un essai, une quantité déterminée d'huile et marcher avec une pression et une vitesse quelconques ; le thermomètre indique l'élévation de température, et la balance la quantité de frottement. La machine pourrait être construite de manière à donner le coefficient de frottement, bien qu'il soit fort délicat d'en obtenir la mesure exacte.

57. — Dans les expériences faites à l'Arsenal de Frankford[1], en 1873, sur le frottement des axes et des tourillons, le lieutenant Metcalfe, de l'artillerie des États-Unis, a déterminé le temps nécessaire pour élever la température de chaque huile d'une quantité donnée.

Les valeurs suivantes sont celles obtenues pour l'huile de spermacéti, de baleine et de lard, sous une pression d'environ 1 kg. 4 par centimètre carré et à une vitesse de frot-

1. Ordonnance, notes n° LXXXIV. Washington, 15 juillet 1878.

tement d'environ 244 m. par minute. Le tourillon était en fer et les coussinets en bronze ; trois essais furent faits.

TEMPS EMPLOYÉ.

Huile de spermacéti, de Springfield. .	139	secondes.
— de lard, — .	102	—
— de baleine, Frankford	107	—
— de lard, —	105	—

Depuis, le lieutenant Metcalfe adopta la méthode de Rankine, laquelle consiste à noter le temps que met, pour s'arrêter, une poulie folle tournant librement sur son arbre sous l'effort de sa propre inertie et de la résistance qu'oppose au frottement sa partie lubrifiée sur l'axe fixe. Il en déduit le coefficient de frottement comme suit :

La force ainsi annulée est :

$$Q = \frac{MK^2}{2} \theta^2 ;$$

dans cette expression M est la masse $\left(\frac{P}{32,2}\right)$ du volant, K son rayon de giration et θ la vitesse angulaire initiale.

La force de la résistance provenant des frottements est $Q' = Q$ et a pour mesure

$$Q' = 2F\pi RN = \frac{MK}{2} \theta^2$$

et

$$F = \frac{2 M^2 \theta^2}{2\pi RN}$$

dans laquelle F est l'effort de frottement ou résistance au mouvement, R le rayon de l'arbre de couche et N le nombre total de tours que fait la poulie avant de s'arrêter.

La vitesse moyenne θ' est moitié de la vitesse initiale θ. De ce qui précède il résulte que :

$$F = \frac{MK^2 \theta'}{4 \pi RN} = \frac{4 MK \pi N}{RS^2}$$

dans laquelle S est le temps, exprimé en secondes, qui s'écoule pendant que la poulie s'arrête :

$$f = \frac{F}{P} = \frac{F}{M_y} = \frac{4K^2 \pi N}{RS_g^2} = C \frac{N}{S^2}$$

Dans cette dernière expression, c'est une constante à déterminer pour chaque poulie employée.

Dans les expériences de Metcalfe, la pression était d'environ 7 kg.03 par centimètre carré et on obtint pour l'huile de baleine $f = 0.015$ à $f = 0{,}016$; le nombre de tours était de 53 par minute.

Pour des pressions légères comme celles produites par des roues d'affûts de canon, les coefficients devinrent :

Valeurs en f pour les pressions légères (Metcalfe).

Huile de spermacéti : 0,088 ; huile de ricin : 0,028 ; graisse de voiture : 0,030.

58. *Appareils et expériences de Thurston.* — Nous arrivons maintenant à la description de mes propres recherches dans ce genre. J'ai toujours été frappé de ce que, depuis Morin, aucune expérience sérieuse n'eût été entreprise et qu'aucune détermination exacte du frottement n'eût jamais été faite pour des pressions élevées, par exemple de 35 à 70 kg. par centimètre carré, qui sont celles qu'on observe souvent dans la pratique de l'ingénieur. On ne faisait pas assez attention à la grande variation du frottement, lorsque la pression varie : c'est ce que cette expérience et celles d'autres ingénieurs ont montré.

Ceux qui ont étudié les machines à vapeur et autres ont remarqué, comme nous, l'extrême facilité avec laquelle les manivelles dépassent le point mort, malgré les plus fortes pressions,et combien les plus lourds volants tournent aisément dans leurs coussinets, une fois mis en mouvement. Personne ne peut admettre que les coefficients 0,05 et 0,03 dans les conditions les plus favorables, indiqués par les meilleurs auteurs et déterminés par l'observation de pressions légères,puissent être approximativement applicables à de fortes charges ; s'il en était ainsi, le travail dépensé pour vaincre le frottement dans les fortes machines serait tout simplement immense.

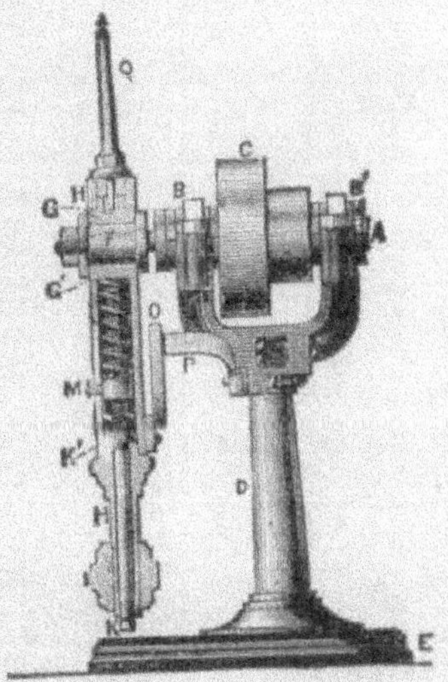

Fig. 19.

Nous avons remarqué que, dans ces dernières années, on s'était plus occupé d'observer l'élévation de la température (machines d'Inghan et de Stapfer) que de rechercher la quantité de travail perdue par le frottement et que les résultats obtenus ne pouvaient, en conséquence, que servir de termes de comparaison. Pour remédier à cet état de choses, j'ai cherché à combiner une machine pouvant indiquer non seulement la température développée par un tourillon lubrifié sous des pressions ou des vitesses variables à volonté, mais en même temps la quantité totale de frottement et la valeur exacte du coefficient de frottement.

Bien que je puisse me considérer comme le seul inventeur de cette machine qui, la première de toutes, permet d'obtenir toutes les mesures indispensables, je n'en dois

Fig. 20.

pas moins une part de mérite à un élève de l'Institut de technologie Stevens, M. J.-T. Henderson (promotion 1873), maintenant ingénieur de la marine des Etats-Unis, pour la part qu'il a prise dans la construction de cette machine. C'est l'habitude, dans la section de l'institut que je préside, de donner aux élèves des *projets* pour lesquels on indique la description spéciale de la machine et le travail qu'elle doit faire; ils doivent remettre un dessin et un mémoire explicatif. La machine, dont il est question, est le résultat d'un de ces projets et a été construite d'après les dessins de l'élève sans qu'on ait pu reprocher au dessinateur la moindre erreur.

59. — Les figures 19 et 20 reproduisent cette machine[1].

F est le tourillon sur lequel se place l'huile à essayer. Ce tourillon est en porte-à-faux à l'extrémité d'un arbre A, tournant dans des coussinets BB', placés dans un support DD', fixé sur un socle plat EE'. La vitesse voulue est transmise à l'arbre au moyen d'une poulie C : un compteur est placé à l'extrémité d'un arbre et indique le nombre de tours qu'il a effectués.

Habituellement, on fait tourner l'arbre à la vitesse qu'il serait appelé à avoir dans la pratique. Le tourillon d'épreuve F est saisi par deux coussinets en bronze G, G', qui le pressent plus ou moins par le moyen d'un ressort en hélice J, comprimé en conséquence. Ce ressort est réglé avec beaucoup de soin ; les pressions totales sur le tourillon et par pouce carré (il s'agit d'une machine américaine) sont indiquées sur une échelle NN' au moyen d'une aiguille M. Au-dessus du tourillon est un thermomètre OQ', dont la boule est placée dans une cavité ménagée dans le coussinet supérieur et qui sert à indiquer l'élévation de température à laquelle le lubrifiant s'use.

Les coussinets, le thermomètre et le ressort sont portés par un pendule H, auquel est fixée la masse I.

Les poids sont ajustés de telle sorte que le maximum de

1. D'après le *Scientific American*.

frottement d'un coussinet sec,mais bien poli,fasse mouvoir le pendule horizontalement. La tige KK', de la vis,qui sert à comprimer et à régler le ressort, dépasse les parties inférieures du pendule et porte une tête que l'on peut tourner au moyen d'une clef. Une aiguille O, se mouvant sur l'arc PP', indique à chaque instant l'angle fait par le pendule. Cet angle est d'autant plus grand que le frottement est plus considérable : il est très petit lorsque les substances lubrifiantes sont de bonne qualité. Cet arc est gradué de telle sorte qu'en divisant le nombre qu'il fournit par la pression lue sur l'échelle NN', on obtient le coefficient de frottement correspondant.

Théorie de la machine. — Soit :

R, le rayon du centre de gravité, ou pendule ;

F, l'effort dû au poids du bras de levier ;

r, le rayon du tourillon ;

l, la longueur du tourillon ;

w, le poids du pendule complet ;

P, la pression totale sur le tourillon ;

p, la pression par centimètre carré de section longitudinale ;

T, la tension du ressort ;

θ, l'angle que fait le bras du pendule avec la verticale passant par l'axe du tourillon ;

f, le coefficient de frottement ;

Q, le frottement total.

Quand $\theta = 90^{\circ}$:

$$FR = Qr, \qquad (1)$$

et quand θ est un angle quelconque :

$$FR \sin \theta = Qr. \qquad (2)$$

En résolvant l'équation (2) par rapport à Q on a :

$$\frac{Q = FR \sin \theta}{2}. \qquad (3)$$

En résolvant l'équation (2) par rapport à Q on a :

$$\frac{Q = FR \sin \theta}{rP}. \qquad (4)$$

Le coefficient de frottement est:

$$p = \frac{P}{4\,lr} = \frac{2T = P}{4\,lr}. \qquad (5)$$

C'est cette équation qui sert à déterminer les divisions de droite de la plaque indicatrice. On obtient les divisions du côté gauche de la plaque indicative au moyen de l'équation :

$$N = 4\,prl. \qquad (6)$$

En remplaçant dans l'équation (1) Q par sa valeur, en fonction de la pression totale, nous avons :

$$FR = f\,(4pl)\,r \qquad (7)$$

qui donne, en résolvant l'équation (7) par rapport à f :

$$f = \frac{\frac{FR}{r}}{4plr} \qquad (8)$$

qui permet de déduire les valeurs des divisions de l'arc.

En appliquant les formules précédentes à la machine que représente la figure 20, on obtient les valeurs qui suivent :

$F = 1^{k},134$; $R = 0^{m},25$; $p = 0^{m},016$; $l = 0^{m},04$; $4lr = 24$ cent. carrés ; $w = 2^{k},720$.

Ainsi, une compression sur la vis de 35^{mm} correspond à une tension du ressort de $45^{k},360$; par conséquent, pour chaque tension d'un kilogramme, le ressort sera comprimé de $0^{mm},77$.

Les divisions de droite de l'échelle sont obtenues au moyen de la formule (5) :

$$p = \frac{2T + P}{4lr} \qquad (4)$$

La première division sera naturellement la valeur de p quand $T = o$, laquelle valeur est 1,60.

La vitesse de la machine, quand la courroie est sur la plus grande poulie du cône C, doit correspondre à la moindre vitesse de frottement que l'on emploie ordinairement.

Les chiffres de l'arc PP', sur lequel se promène l'aiguille O, attachée au pendule, sont tels que le quotient du nombre lu sur l'arc PP' par la pression totale lue sur le devant du pendule en MN, donne le coefficient de frottement, c'est-à-dire la pression partielle, qui donne la mesure de la résistance causée par le frottement.

Avec chaque machine, on fournit une table imprimée qui donne les coefficients pour toute une série de pressions et de divisions de l'arc.

60. — Pour déterminer la qualité d'un lubrifiant, on éloigne le pendule HH' du tourillon d'épreuve, puis on règle la pression à laquelle la machine doit marcher en tournant la tête de la vis K, qui se trouve à la partie inférieure du pendule, jusqu'à ce que l'aiguille M indique que la pression est atteinte. On place ensuite la courroie sur la poulie C, qui donne la vitesse voulue.

On écarte ensuite les coussinets au moyen de deux petites vis qui se trouvent sur le sommet du pendule H, dans la petite machine, ou en déplaçant l'écrou en bronze dans le grand modèle ; on glisse ensuite le pendule sur le tourillon d'épreuve GG' en prenant toutes les précautions nécessaires pour ne rayer ni les coussinets ni le tourillon ; ce dernier est ensuite huilé au moyen de godets ou de trous, puis on fait marcher un peu la machine pour répartir uniformément l'huile sur toute la surface du tourillon. On arrête ensuite la machine, on desserre l'écrou ou les vis qui maintiennent le ressort, puis, lorsqu'il est bien en contact, bien assujetti sur le coussinet inférieur et qu'il exerce toute sa pression sur ce dernier, nous tournons doucement les vis ou l'écrou du coussinet pour empêcher le contact, afin que ces vis ou cet écrou, lorsqu'ils seront secoués par le fonctionnement de la machine, ne viennent pas presser sur le ressort. Maintenant, on met de nouveau la machine en mouvement et on la laisse marcher jusqu'à ce qu'on soit bien fixé sur la manière dont l'huile s'est comportée ; pendant tout l'essai, on a soin de lubrifier suffisamment le tourillon.

A des intervalles de une ou de plusieurs minutes, suivant le résultat obtenu, on note la température indiquée par le thermomètre QQ', on note également la valeur indiquée par l'aiguille *o* sur l'arc P de la machine. Quand ces lectures cessent de varier, l'essai est terminé. On fait cesser la pression du ressort, puis on retire le pendule, et on enlève avec le plus grand soin toute trace d'huile sur le tourillon, sur les coussinets et dans les godets ou dans les conduits d'huile ; on a soin de ne pas laisser de filasse ou de chiffons sur ces mêmes parties.

La comparaison des résultats obtenus de cette manière avec plusieurs sortes d'huiles montrera leur valeur relative au point de vue de leur pouvoir de diminuer le frottement.

Si le lubrifiant doit être employé à une température élevée, il faut donner aux coussinets une température correspondante au moyen d'un brûleur de Bunsen.

Les matières destinées au graissage des cylindres à vapeur sont essayées en portant les coussinets à la température la plus élevée de la vapeur avec laquelle ils doivent se trouver en contact. Quand la température maxima est atteinte, on éteint le brûleur, puis on note comment l'huile se comporte jusqu'à ce que la température soit tombée à 100° C. correspondant à la pression atmosphérique ou au zéro du manomètre. Toute huile qui produit une effervescence et une augmentation de frottement aux températures élevées doit être rejetée.

Comme comparaison, on prend la moyenne des coefficients obtenus à des températures variant de 17° à 100° C.; (171° correspond à une pression manométrique de 7k,312.)

Dans chaque cas, on remplit les blancs des imprimés qui sont fournis avec la machine et dont on reproduit ci-après la disposition. Ils comprennent : 1° la pression de la vitesse de frottement à chaque essai; 2° les températures observées; 3° les divisions lues sur l'arc de la machine; 4° les coefficients de frottement résultant du calcul.

A la fin de l'épreuve, on enregistre le coefficient moyen et le coefficient maximum et la distance totale parcourue sur les surfaces de support.

61. — Pour déterminer la tendance des huiles à devenir gommeuses, c'est-à-dire à s'épaissir, on procède comme suit : on emploie pour le graissage de la partie une quantité d'huile déterminée, puis on fait marcher la machine pendant un certain nombre de tours. Quand on a terminé, on note la température des coussinets et le frottement. On enlève ensuite le tourillon et les coussinets et on les place sous un globe de verre qui les garantit de la poussière, mais sans les préserver du contact de l'air; on les laisse ainsi un certain temps. On replace les coussinets dans la machine et on fait un nouvel essai, à la même température (c'est très important) que le premier, puis on note le frottement. Toute augmentation de ce dernier sur le premier résultat obtenu est due à la viscosité de l'huile. Pour la

NOTES D'ESSAIS DE LUBRIFIANTS

LABORATOIRE DE MÉCANIQUE. — SECTION DU GÉNIE CIVIL

Institut de technologie Stevens

Laboratoire n° *marque* *provenance*

Composition. Examen. Coefficient de frottement = $\frac{\text{pression totale}}{\text{frottement}}$	N° de l'essai ... Pression sur le tourillon, livres par pouce carré ... Pression totale sur le tourillon ... Quantité d'huile employée ... Coefficient moyen de frottement ... — minimum — Nombre total de révolutions ... Nombre total de mètres parcourus par les surfaces frottantes ... Élévation maxima de température ...		

temps en minutes	nombre de tours	température	frottement livres	coefficient de frottement	temps en minutes	nombre de tours	température	livres de frottement	coefficient de frottement	temps en minutes	nombre de tours	température	frottement en livres	coefficient de frottement

machine dont on vient de parler, la quantité normale de lubrifiant employée est de 16 milligrammes ; elle est bien suffisante pour assurer un graissage parfait, pendant toute la durée de l'essai. Le nombre de tours, pendant la première expérience, est de 5000 ; il peut varier considérablement sans affecter le résultat, suivant la qualité de la matière graissante, pourvu qu'il reste assez petit pour ne pas modifier les conditions d'usure du lubrifiant ; car, dans ces limites, le frottement reste constant et la température aussi. Les changements de température et de frottement se produisent toujours en même temps ; c'est pour cette raison qu'il faut avoir grand soin de faire en sorte que les coussinets soient à la même température dans les deux épreuves.

Pour déterminer la durabilité, on procède comme pour la recherche du frottement, excepté que le graissage n'est pas continu ; on n'emploie que très peu d'huile à la fois et de temps en temps, soit une goutte par 5 cm. de longueur de tourillon. On doit veiller avec soin à ce que toute l'huile atteigne le tourillon, à ce qu'il n'y en ait pas de perdue dans les trous de graissage ou autrement et à ce que les quantités soient exactement égales.

Quand le frottement, indiqué par l'aiguille *c*, a dépassé le minimum et commence à s'élever, on doit surveiller la machine et l'arrêter au moment où le frottement a atteint le double du minimum, ou quand le thermomètre indique (212° F.) 100° C. ; si on doit continuer l'essai, il faut ajouter une nouvelle quantité d'huile.

Cette opération doit être recommencée jusqu'à ce que les essais aient à peu près la même durée. On peut prendre la moyenne du temps, du nombre de tours, ou de la résistance parcourue par les surfaces frottantes ; cette moyenne mesure la durabilité du lubrifiant soumis à l'essai.

On nettoie ensuite la machine, puis on procède à l'essai d'une autre huile.

Afin de permettre la comparaison, l'huile-type et les huiles à essayer sont toujours essayées sur le même tourillon et dans les mêmes conditions.

Quand on essaie les huiles pour déterminer leur durabilité ou leur résistance à l'usure, une certaine quantité, déterminée par l'expérience, est placée sur le tourillon et l'essai est continué jusqu'à ce qu'on atteigne une limite fixée par l'expérimentateur et qui est celle de l'emploi pratique de l'huile dans les conditions de l'essai.

Avant mes travaux, on avait, je crois, l'habitude de continuer les essais jusqu'à ce que les coussinets eussent atteint une certaine température : 49° (120 F.) ou 93° (200 F.) ; on notait ensuite le nombre de tours faits par le tourillon, ou le nombre de mètres parcourus pour arriver à ce point, et ces chiffres servaient de mesure de résistance.

Un meilleur procédé est probablement celui adopté par les ingénieurs de la marine des États-Unis, chargés de faire les essais d'huiles dans les arsenaux. Il consiste à mesurer l'huile employée pour maintenir constamment la température du tourillon à 45° (110 F.) ou 46° C. (115 F.), pendant une période de temps déterminée, telle que une, cinq ou vingt-quatre heures ; la résistance est inversement proportionnelle à la quantité d'huile consommée.

Ma méthode est tout à fait différente. Je mesure la résistance d'un lubrifiant par le temps pendant lequel il maintient l'onctuosité du tourillon et empêche le grippement.

Quant une huile est placée sur un tourillon qu'on fait marcher, sans la renouveler, elle prend graduellement une consistance pâteuse ou gommeuse ; elle perd lentement son pouvoir lubrifiant et, finalement, augmente le frottement d'une manière nuisible ou s'épuise si promptement qu'elle permet aux surfaces frottantes de se trouver en contact.

J'ai pris l'habitude de conserver la machine en mouvement jusqu'à ce que ce fait se produise et la durée du temps écoulé donne la mesure de la durée de l'huile.

Il est certainement difficile d'obtenir, par cette méthode, des valeurs successives similaires ; mais, en prenant la moyenne de plusieurs essais, on peut obtenir la mesure de la durée de l'huile avec une approximation suffisante. Cette méthode, il faut le reconnaître, a plus que l'autre l'inconvénient d'altérer le tourillon, si l'essai est poussé un peu trop loin et de nécessiter une perte de temps pour remettre les surfaces de frottement, quand on se propose de faire de nouveaux essais, dans de bonnes conditions de marche. La détermination de la valeur réelle d'un lubrifiant justifie la perte de temps et d'argent que nécessitent les expériences faites dans ce but.

On doit avoir le plus grand soin du tourillon d'essai qui doit toujours être dans le meilleur état ; une rayure altère les résultats d'une façon très appréciable. Pour les travaux délicats, la grosseur des gouttes doit être la même ; souvent même, on les pèse avec une balance de précision ; pour les travaux moins importants, un compte-gouttes, comme ceux employés en pharmacie, convient parfaitement. Je me suis servi avec succès d'un fil métallique de trois millimètres et quart de diamètre (entre le n° 17 et le n° 18 français), dont on effile l'extrémité avec une lime. On le plonge dans l'huile, puis on le tient verticalement ; les premières gouttes qui s'écoulent ne sont pas uniformes ; mais, après une demi-minute environ, elles deviennent égales. On emploie les gouttes qui tombent après quarante-cinq secondes ; à ce moment, le fil laisse tomber des gouttes d'huile de spermacéti pesant huit milligrammes.

Nous avons toujours soin de ménager un peu de jeu aux coussinets de manière à permettre un léger mouvement longitudinal qui maintient une bonne distribution de l'huile sur le tourillon.

Plusieurs compagnies américaines de chemins de fer, et même des particuliers, font maintenant des essais plus ou moins complets qui leur permettent d'obtenir une grande économie. Le laboratoire d'essais le plus complet est celui installé à la Cie de « Pensylvania Railroad » par le Dr Dadby à son laboratoire d'Altoona. On y essaie les fers, les aciers, etc., aussi bien que les substances destinées au graissage.

Au laboratoire de mécanique de l'Institut technologique Stevens, tous les résultats sont inscrits sur un régistre spécial conforme au type en blanc que nous avons reproduit plus haut ; il sert pour l'Institut et pour les personnes qui ont fait faire le travail. A ces dernières, on fournit les résultats sur des feuilles imprimées, semblables à celles du registre.

62. — *Machine de Thurston pour les chemins de fer.* — La petite machine, qui vient d'être décrite, a donné de si bons résultats que cela m'a encouragé à en construire d'autres plus fortes, spécialement destinées aux chemins de fer. Plus tard on en a construit une pour l'Institut Stevens et d'autres pour le laboratoire du « Pensylvania Railroad », à Altoona, et pour les ateliers de diverses compagnies.

Le tourillon a la dimension de ceux des wagons : $0^{m},0025$ (3 pouces) de diamètre et $0^{m},178$ (7 pouces) de longueur. La vitesse est variable, depuis celles des roues de $0^{m},66$ faisant 96 kilomètres à l'heure. La pression peut être réglée depuis quelques kilogrammes jusqu'à 28 kg., par centimètre carré, ce qui fait environ 4530 kilogr. de charge totale sur le tourillon.

La figure 21 représente l'élévation latérale du grand modèle de cette machine, avec une coupe du tourillon et du pendule ; la figure 22 en est une vue de face. Elle consiste en un arbre AB, mis en mouvement par un cône C, le tout

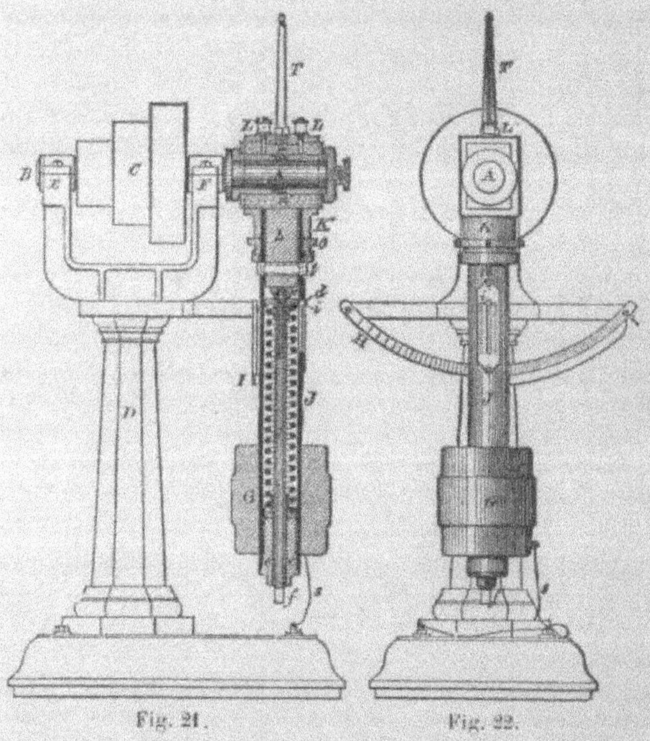

Fig. 21. Fig. 22.

monté sur un bâti en fonte, terminé à sa partie supérieure par une fourche qui supporte deux coussinets E et F. L'arbre se termine au-delà du coussinet par une partie A, en porte-à-faux, garni d'un manchon *mm*, dont l'extérieur forme un tourillon sur lequel se font les essais d'huiles ;

un pendule AG est suspendu sur le tourillon *mm*, au moyen de coussinets *a*,*a* qui l'embrassent ; un poids considérable G est attaché à l'extrémité inférieure du pendule. Il est évident que le frottement développé sur le tourillon tendra à faire mouvoir le pendule dans le sens de la rotation de l'arbre, et que, plus le frottement sera grand, plus l'amplitude d'oscillation du pendule sera grande. Un cercle gradué HI est fixé sur le bâti et permet de lire la distance parcourue par le pendule ; les divisions de cette échelle indiquent les coefficients de frottement du lubrifiant sur le tourillon.

Afin de pouvoir modifier la pression sur le tourillon, la machine est disposée comme suit : un tuyau de fer forgé J, représenté dans la figure 21 par une forte ligne noire, est vissé dans la tête K du pendule, qui embrasse le tourillon et maintient en place les coussinets *a*, *a* ; dans ce tuyau, est ajustée une pièce libre *h* qui s'appuie contre le coussinet inférieur *a* du tourillon. A la partie inférieure du tuyau est vissée une pièce *cc*, percée d'un trou à son centre et dans lequel passe une tige J, dont l'extrémité supérieure est vissée dans un chapeau *d'* ; entre ce chapeau et la pièce inférieure *cc*, est placé un ressort spirale qu'on voit en coupe, fig. 21.

L'extrémité supérieure de la tige tourne dans une chape *e*, qui porte sur la pièce *b*, et permet de la presser plus ou moins contre le coussinet *a'*. Si l'on tourne la tête carrée *f* de la tige avec une clef, il est clair que la chape *d* sera entrainée vers le bas sur le ressort et le comprimera, ou qu'elle sera soulevée et que le ressort se détendra suivant le sens de rotation. Si le ressort est comprimé, son extrémité inférieure appuiera sur la chape inférieure et sur la pièce *cc* dont la pression se transmettra au tuyau J, par suite à la tête K et, de là, au support supérieur du tourillon. En même temps, l'extrémité supérieure du ressort appuiera sur la chape *d* qui, étant vissée sur la tige *f*, transmet la pression, en haut, à la chape *e* et, de là, à la pièce libre *b* et, de celle-ci, au coussinet supérieur *a* du tourillon. On voit donc que toute pression voulue, dans les limites de l'élasticité du ressort en spirale, pourra être transmise au tourillon et aux coussinets : il suffira simplement de tourner la tige *f*.

La pièce *b*, ainsi que le tuyau J, sont traversés par une clef *l*, qui presse contre un écrou *o*, qui est vissé sur le tuyau ; en tournant cet écrou, on peut, à volonté, soustraire le tourillon à l'effet de la pression ; une aiguille *i*, fixée au ressort, indique la tension de ce dernier ; le graissage se fait en versant de l'huile sur le tourillon au moyen de deux godets *h*, *h*, situés à la partie supérieure de la tête K ; entre les deux est placé un thermomètre permettant d'observer les températures. Une corde S est attachée au pendule pour limiter son mouvement au champ qu'il doit parcourir.

La machine, fig. 21 et 22, représente le plus grand modèle qui ait été construit ; elle est employée pour essayer l'huile dans les chemins de fer et ne diffère du petit modèle que par quelques détails.

La machine pour chemins de fer permet d'étudier le frottement lorsqu'on fait varier la nature des coussinets et des tourillons, la pression et la vitesse ; c'est-à-dire qu'elle fournit tous les renseignements dont on peut avoir besoin.

63. — *Recherches antérieures.* — Avant de donner les résultats obtenus avec cette machine, je crois devoir reproduire les essais faits jusqu'ici et qui avaient moins pour but de déterminer les coefficients de frottement que de connaître la valeur des lubrifiants par l'observation de leur durée et de la température des coussinets.

Pour ces sortes d'expériences, Bailey propose de les commencer à la température de 15°56 (60 F.) et de s'arrêter lorsqu'elle atteint 93°34 (200 F.) ; son régistre d'inscription est disposé de la manière suivante :

Nature de l'huile	Prix	Nombre de tours effectués pour atteindre 93°,3 (200 F.)	Température de l'atmosphère	Nombre de tours par degré

Dans un essai, fait pour déterminer l'épaississement des huiles, Wheeldon a obtenu les chiffres reproduits dans la table suivante.

RÉSISTANCE A L'OXYDATION — WHEELDON

	Noms	Prix	Nombre de tours	Température	Élévation de température	Nombre de tours par degré
(1) 1er jour	h. de suif nº 1	5 sh.6 d.	13,065	de 27° à 93°	66°	194
(2) 2e jour	—		11,787	— 25,5 à 93	67,5	174
(3) 1er jour	h. de spermaceti	9 sh.6 d.	16,044	de 18° à 18°	75°	214
(4) 2e jour	—		13,104	— 17 à 93	76°	171
(5) 1er jour	h. minérale	3 sh.6 d.	11,831	de 18° à 93°	75°	158
(6) 2e jour	—		0	0	0	0

1. Conférence faite par M. W.-H Bailey, à Manchester (Grande-Bretagne).

1. Premier essai : huile neuve.
2. Aucune addition d'huile.
3. Premier essai : huile neuve.
4. Aucune addition d'huile.
5. Premier essai.
6. Deuxième essai : après un arrêt de 24 heures, les coussinets étaient collés au tourillon et on n'a pas pu mettre les machines en route.

Je ne crois guère que ce dernier essai ait pu être fait[1] avec l'huile indiquée au tableau ; les huiles minérales ne se comportent pas ainsi.

Des expériences faites avec la machine de Napoli ont donné les résultats suivants :

Noms	Travail en kg.	Temps	Élévation de température	Observations
Huiles animales (?)	5200	2 hrs.	10°	
Duron	2700	2 —	7°	
Huile de graissage	2133	2 —	13°	Composés de : Huile minérale 0,25 ; — végétale 0,35 ; — de poisson 0,40 ; = 1,00
Huile de baleine	7000	5 —	10°	
Huile de colza (impure)	1000	3 —	0°	Huile carbonisée

Coleman ajoutait du caoutchouc aux huiles minérales pour leur donner du corps ; il les a expérimentées sur une locomotive faisant le service entre Edimbourg et Glasgow; il a trouvé que l'augmentation de température, qui était de 16° avec l'huile de navette, n'était que de 12° avec de l'huile mélangée. Il a obtenu des résultats à peu près aussi favorables sur un arbre de 76^{mm}, faisant 25000 tours à l'heure, sous une charge de 508 kg. Il a constaté que l'huile de spermacéti est le meilleur lubrifiant pour les broches de filature faisant de 2000 à 10000 tours par minute.

Des essais ont été faits par le ministère de la marine des États-Unis, avec la machine construite à l'arsenal maritime de Brooklyn, et ont été adressés à l'amiral Bell, le 11 octobre 1866, par une commision composée de l'in-

1. *American Artisan*, 15 mars 1873, p. 167.

génieur en chef J.W. Kink et des ingénieurs G. W. Stivers et A. Price. La machine était dans le genre de celles d'Ingham et Stapfer, mais avec des tourillons beaucoup plus forts ; ils avaient 0m,23 de diamètre et 355mm de longueur.

Le graissage se faisait par l'intermédiaire d'un godet sur chaque chapeau de tourillon, de la grosseur et de la forme usitées dans la matière. Il était réglé de telle sorte qu'en employant de l'huile de spermacéti, la pression étant de 4462 kg. sur chaque tourillon (5 kg. 062 par centimètre carré de section longitutinale), le thermomètre accusait une température constante de 47° C. Ce résultat était obtenu en employant 2 lit. 272 d'huile de spermacéti en 25 heures. La même quantité de chaque huile fut employée jusqu'à ce que le thermomètre atteignît et se maintînt à 47° ; la pression maxima, ainsi obtenue par chaque huile, fut considérée comme mesure de sa valeur.

Les chiffres ci-dessous sont extraits des résultats obtenus :

	PRESSION totale	PRESSION par cm. carré
Huile de spermacéti, en hiver . .	4 263k	5k,062
— — en été . . .	5 064	6 046
— de lard, en hiver	4 080	4 359
— de paraffine	3 300	3 867
— de pétrole (légère)	3 888	4 570
— — (huile foncée) . .	4 309	5 132
— de suif	2 908	3 515
— minérale et huile de poisson.	2 810	3 374

Quatre ans plus tard, une autre commission, composée des ingénieurs J. H. Morisson et J. W. Vollihan, obtint les résultats suivants en employant la même méthode et la même machine :

Huiles	Charges en kilogrammes	Températures					Pesanteur spécifique
		du tourillon	de l'air	d'épaississement de l'huile	au moment du refus de couler	de solidification	
de spermacéti (naturelle)	7239	46°,11	24°,43	1°,11	— 3°,34	— 8°,89	0,761
d'olive	6774	46 ,67	23 ,90	10,0	— 7 ,78	— 21,11	0,933
de suif	7264	46 ,67	21 ,67	— 1,11	— 4 ,45	— 7,78	0,793
—	6477	46 ,67	23 ,90	21,11	13 ,56	5,56	0,993
de graisse....	5864	46 ,67	26 ,67	6,67	0 ,00	— 5,56	0,999

Des essais, faits sur la machine du « Lake Shon and Michigan Southern Railway », ont fourni les résultats suivants qui sont mentionnés dans un rapport à l'Association des Maîtres-Mécaniciens [1].

Cinquante gouttes de chaque huile furent employées pour chaque essai, la machine tournant à une vitesse correspondant à 56 kilomètres à l'heure, jusqu'à ce que la température fût montée de 15°56 C. (60 F.) à 93°34 C. (200 F.); on obtint le nombre de tours suivants :

RÉSISTANCE DES HUILES

Huile de ricin.	12 946 tours
— de paraffine.	11 685 —
— de la Mecque.	9 982 —
— de pied de bœuf. . . .	8 277 —
— de la Virginie occidentale.	7 915 —
— de spermacéti.	7 912 —
— de suif.	7 794 —
— de graisse.	7 737 —

1. *National Car-Builder.*

Ces résultats ont été critiqués, mais les Compagnies de chemins de fer ont continué à employer des huiles à bas prix ; il est permis de penser que les résultats ci-dessus sont approximativement corrects.

La série d'essais de ce genre, la plus complète et, sous certains rapports, la plus concluante, a été faite par M. A. H. van Cleve [1].

Le tourillon d'essai avait 178^{mm} de longueur et 152^{mm} de diamètre; il tournait dans des coussinets en bronze et recevait son mouvement d'une machine de 5 chevaux-vapeur (anglais). La pression était transmise au moyen d'un système de leviers gradués et la vitesse enregistrée par un compteur; la température, maintenue entre 35°56 C. 96° F.) et 37°78 C. (100° F.),était indiquée par un thermomètre fixé au coussinet. On notait la pression, la vitesse, la quantité d'huile employée et la puissance motrice développée. Dans une seconde série d'essais, le tourillon avait 152^{mm} de longueur et 70^{mm} de diamètre.

Les observations faites ont montré que, pendant l'hiver, c'est l'huile de spermacéti qui supporte le mieux les fortes pressions ; que, pour maintenir un tourillon dans les mêmes conditions de basse température, il faut employer de deux à cinq fois autant d'huile minérale que de spermacéti ; que la pression admise en pratique était en raison inverse de la vitesse de frottement ; que la consommation de l'huile variait dans le même rapport. Ces expériences ont duré quatorze mois ; la table de la page suivante donne les principaux résultats.

64. — *Expériences de Thurston.* — Pour les essais effectués dans le laboratoire de mécanique de l'Institut de technologie Stevens, nous nous sommes servi de la plus petite des machines que nous avons décrites. Nous avons

1. *Scientific American*, 9 décembre 1871.

fait des expériences sur toutes les espèces de lubrifiants connus des ingénieurs et des mécaniciens et de beaucoup d'autres qui sont peu usités, même de quelques-uns qui ne seront peut-être jamais employés pratiquement. Les tables suivantes indiquent les résultats obtenus dans quelques-unes de ces expériences. Pour celles-ci, on s'est servi d'un tourillon de fonte de fer de bonne qualité [1]; la vitesse de frottement fut maintenue à 228 t. par minute, et la même quantité d'huile (32 millig.) fut employée à chaque essai.

FROTTEMENT D'UN TOURILLON DE 178mm SUR 152mm. — VAN CLEVE

Huiles	Chevaux vapeur	Nombre de tours	Pression	Température	Litres d'huile par heure	Valeur relative
			kgr.		l.	
de spermacéti, en hiver	3,24 à 3,35	125 à 131	3175 à 3402	35°,6 à 36,7	0,086 à 0,104	1,00 à 0,91
1/2 de sp. + 1/2 de graisse	2,43	129	2285	36,1	0,106	0,69
2/3 — 1/3 —	2,61	129	2540	36,1	0,109	0,74
1/3 — 2/3 —	2,15	132	2041	35,6	0,096	0,60
FUSÉES DE WAGON DE 152mm SUR 70mm						
de spermacéti, d'hiver	3,18	231	3175	35,1	0,031	0,91
ESSIEUX DE LOCOMOTIVES						
de spermacéti, d'hiver		130	3175	36,1	0,050	
—		100	3265	34,4	0,033	
—		70	3628	34,4	0,022	
—		60	4445	34,4	0,017	
—		130	3402	36,7	0,045	
—		100	3402	35,6	0,031	
—		70	3628	32,7	0,021	
—		60	4309	32,2	0,012	
de graisse		130	1814	25,5	0,039	
—		100	2358	23,9	0,022	
—		70	2494	22,7	0,015	

65. — *Coefficients de frottement pour les tourillons en fonte. Thurston.* — Vitesse = 228 t. par minute — température = 21° — graissage intermittent.

1. Les valeurs obtenues dans ces essais, comme celles de tous les auteurs, sont probablement plus élevées que celles que l'on rencontre habituellement dans la pratique avec des machines bien entretenues, après un certain temps de marche, entre des mains soigneuses.

Nom de l'huile	Pression par centimètre carré.							
	0kg,562		1kg,125		2kg,250		3kg,375	
	moyen.	minim.	moyen.	minim.	moyen.	minim.	moyen.	minim.
GROUPE I.								
de sperm. naturelle, d'été	0,1729	0,1256	0,1627	0,1083	0,109	0,0933	0,1180	0,1056
— — d'hiver	0,2165	0,1500	0,1410	0,1066	0,0958	0,0875	0,0813	0,0750
— blanche »	0,1930	0,1583	0,1690	0,1250	0,1172	0,0916	0,0997	0,0944
de baleine blanche d'été	0,1866	0,1333	0,1383	0,0916	0,1189	0,0874	0,0881	0,0777
— naturelle d'été	0,1980	0,1500	0,1182	0,0916	0,1216	0,1088	0,0951	0,0722
— — d'hiver	0,2097	0,1833	0,1302	0,125	0,0895	0,0750	0,1444	0,1000
— blanche —	0,1979	0,1333	0,1196	0,1063	0,1090	0,1020	0,0953	0,0703
de graisse, d'hiver	0,2366	0,1666	0,1775	0,1166	0,1463	0,1000	0,1035	0,0750
de pied de bœuf extra	0,2272	0,1300	0,1162	0,1000	0,1168	0,0916	0,1138	0,1055
de suif	0,1851	0,1500	0,1403	0,1000	0,0935	0,0750	0,1166	0,0844
de phoque, raffinée	0,1585	0,1333	0,1378	0,1083	0,1159	0,0916	0,0987	0,0750
d'éléphant, blanche d'hiver	0,1928	0,1333	0,1056	0,1083	0,0882	0,0791	0,0766	0,0611
GROUPE II.								
d'olive	0,1668	0,1333	0,1575	0,1666	0,1084	0,1000	0,0939	0,0555
de coton comestible	0,2156	0,1677	0,1337	0,1250	0,1444	0,1083	0,0986	0,0694
de palme	0,2806	0,1666	0,2951	0,1250	0,1161	0,0861	0,1013	0,0666
de navette	0,1867	0,1343	0,1567	0,1250	0,1167	0,0833	0,1063	0,0722
d'élaïne	0,2597	0,2000	0,2142	0,1750	0,1277	0,0875	0,1305	0,1111
de lin	0,1398	0,1333	0,1245	0,0833	0,1347	0,0750	0,0962	0,0600
d'arachide	0,1916	0,1500	0,1698	0,1333	0,10662	0,0791	0,0833	0,0550
de coton, raffinée	0,2125	0,1666	0,1164	0,1319	0,1166	0,1000	0,1100	0,0800
de résine	0,1768	0,2050	0,1551	0,1500	0,1179	0,0853	0,1098	0,0844
de coco	0,1756	0,1333	0,1066	0,0916	0,1062	0,0791	0,0794	0,0611
de ricin, pressée à froid	0,2375	0,1916	0,1380	0,1125	0,0125	0,0768	0,0944	0,0722
GROUPE III								
de morue du Labrador	0,2125	0,1500	0,1488	0,1250	0,1016	0,0606	0,0865	0,0661
— pour tannerie	0,2776	0,2168	0,1666	0,1500	0,0970	0,0853	0,0890	0,0833
d'alose	0,2536	0,1666	0,1238	0,1000	0,0919	0,0917	0,1220	0,1000
GROUPE IV [2]								
minérale	0,1875	0,1333	0,1635	0,1461	0,0861	0,0771	0,0944	0,0944
— claire, épaisse, sans odeur	0,1537	0,1500	0,1541	0,1500	0,2177	0,1125	0,1277	0,1277
graisse, blanche, sans odeur	0,1833	0,1333	0,2335	0,1500	0,1250	0,1166	0,1291	0,1222
ordinaire —	0,2556	0,1500	0,3867	0,1500	0,1272	0,1250	0,1555	0,1444
kérosine	0,2330	0,2165	0,1720	0,1416	0,1250	0,1250	0,1770	0,1770
brute, à graisser	0,1272	0,1100	0,1458	0,1000	0,1777	0,1500	0,1500	0,1500
de paraffine	0,3067	0,2000	0,1777	0,1333	0,1343	0,1125	0,2297	0,2222
SECONDE SÉRIE D'ESSAIS								
GROUPE I								
de sperme naturelle d'hiver	0,2072	0,1333	0,1601	0,1250	0,1362	0,0958	0,1125	0,0888
— blanche —	0,1755	0,1166	0,1678	0,1250	0,1083	0,0958	0,0841	0,0750
de baleine naturelle —	0,2369	0,2166	0,1250	0,1000	0,1000	0,0750	0,0777	0,0666
— blanche —	0,1747	0,1333	0,1423	0,1331	0,1229	0,0833	0,0986	0,0666
de graisse —	0,1959	0,1583	0,1720	0,1250	0,1095	0,0967	0,0758	0,0666
de pied de bœuf, extra	0,1746	0,1500	0,1255	0,1000	0,1198	0,0791	0,1159	0,1000
GROUPE II								
d'olive	0,1839	0,1333	0,1175	0,1000	0,0962	0,0750	0,1344	0,0611
de navette raffinée (jeune)	0,1716	0,1666	0,1435	0,1166	0,1000	0,0833	0,0922	0,0555
de coton, pressée, d'hiver blanche	0,2150	0,1166	0,0981	0,0833	0,0963	0,0666	0,0861	0,0750
— —	0,1527	0,3133	0,1666	0,0833	0,0895	0,0750	0,0738	0,0722
GROUPE III								
d'alose	0,1637	0,1333	0,1686	0,1083	0,0962	0,0635	0,0663	0,0888

1. Valeurs un peu incertaines.
2. Toutes les huiles minérales décrites sont de composition incertaine.

Les huiles essayées en dernier lieu formaient une autre catégorie que celles qui font partie de la première série d'essais ; elles étaient de fabrication récente et on pouvait les considérer comme pures.

66. — *Exemples d'application de la méthode.* — Pour montrer comment ces chiffres ont été obtenus, je vais donner le détail d'un essai fait avec un bon échantillon d'huile de spermacéti blanche, d'hiver. Je dois rappeler qu'il est impossible d'obtenir, avec la même sorte, deux résultats exactement semblables, car il est rare qu'on rencontre deux huiles identiques; l'huile de spermacéti, par exemple, varie en qualité suivant sa pureté et son âge, ainsi qu'avec l'âge, le sexe, l'état de santé et les habitudes de l'animal dont elle provient, etc.; en outre, le résultat d'essai peut être également affecté par la condition dans laquelle se trouvent le tourillon et la machine en général.

Ces différences n'ont pas ordinairement d'importance pratique ; toutefois, il est bon de comparer l'huile à expérimenter avec une huile type soigneusement conservée, en faisant avec celle-ci un essai, qui suit ou précède immédiatement celui de l'huile à examiner.

DÉTAIL D'UN ESSAI

Huile de spermacéti, blanche, d'hiver. — Qualité supérieure. — Thurston.

PREMIER ESSAI

Quantité d'huile employée sur le tourillon : 332 milligrammes.

Vitesse de la surface de frottement : 224^{m},38 par minute.

Pression par centimètre carré : 0^{kg}.,562.

Pression totale : 13^{kg}.,602.

Temps	Température des coussinets	Frottement en kg.	Coefficient de frottemen	Temps	Température des coussinets	Frottement en kg.	Coefficient de frottement	Temps	Température des coussinets	Frottement en kg.	Coefficient de frottement
Minutes depuis la mise en marche	Degrés C				C				C		
	23°,9	0		39	71°,1	1,587		79	87°,8	2,494	
1	29,4	3,628		41	71,1	1,587		81	87,8	2,494	
3	48,9	3,402		43	72,8	1,587		83	90,6	2,494	
5	62,8	2,494		45	72,8	1,587		85	90,6	2,494	
7	71,1	2,494		47	72,8	1,587		87	93,3	2,608	
9	76,7	2,721		49	73,9	1,587		89	93,3	2,608	
11	81,1	2,721		51	73,9	1,587		91	96,4	2,948	
13	85,	2,721		53	73,9	1,587		93	98,9	2,268	
15	87,8	2,268		55	75,0	1,814		95	96,1	2,041	
17	87,8	2,268		57	75,0	1,814		97	96,1	2,268	
19	89,4	2,268		59	75,6	1,814		99	91,7	2,268	
21	89,4	2,041		61	76,7	1,814		101	90,6	2,268	
23	87,9	1,814		63	76,7	1,814		103	90,6	2,494	
25	83,0	1,360		65	76,7	1,814		105	91,7	2,608	
27	82,2	1,360		67	76,7	1,814		107	93,3	2,948	
29	79,4	1,360	minimum 0,10	69	79,4	2,494		109	93,3	2,948	
31	76,7	1,360		71	79,4	2,494		111	100,0	2,948	
33	75,6	1,360		73	82,2	2,494		113	102,2	2,948	
35	73,9	1,360		75	82,2	2,494		115	102,2	2,948	
37	73,9	1,587		77	85,6	2,494		117	104,4	2,494	
119	104,4	2,948		129	112,7	3,175		159	113,3	2,175	
121	103,3	2,948		141	112,7	3,175		161	113,3	3,175	
123	104,4	2,948		113	112,7	3,175		163	115,5	3,175	
125	104,4	4,309		145	114,4	3,175		165	117,2	3,175	
127	104,4	4,309		147	114,4	3,175		167	117,2	3,175	Moyenne 0,1875
129	110,0	3,402		149	114,4	3,175		168	117,2	3,175	
131	110,0	3,402		131	114,4	3,175		171	117,7	3,175	
133	111,1	3,175		153	115,5	3,175		173	118,3	3,175	
133	112,2	2,948		155	115,3	3,175		175	121,1	3,175	
137	112,2	3,175		157	115,3	3,175		177	126,6	3,175	

SECOND ESSAI

Quantité d'huile employée sur le tourillon : 332 milligrammes.

Vitesse de la surface de frottement: 224^{m},33 par minute.

Pression par centimètre carré : 1^{kg}.,125

Pression totale : 27^{kg}.,216

Temps	Température des coussinets	Frottement kg.	Coefficient de frottement	Temps	Température des coussinets	Frottement kg.	Coefficient de frottement	Temps	Température des coussinets	Frottement kg.	Coefficient de frottement
au départ : minutes	21,1	0	*minimum 0,133	17	135,0	5,216		35	162,7	4,762	Moyenne : 0,1776
1	26,7	6,804		19	143,3	5,216		37	162,7	4,489	
3	54,4	4,536		21	151,6	5,216		39	163,8	5,216	
5	76,7	4,536		23	157,2	5,216		41	167,2	5,216	
7	93,3	4,082		25	160,0	5,216		43	169,4	5,443	
9	101,6	4,082		27	160,0	4,309		45	172,2	6,804	
11	115,0	4,082		29	160,0	4,536		47	177,7	5,443	
13	121,1	3,628*		31	158,3	5,216		49	179,4	4,536	
15	127,7	4,082		33	161,1	4,762		51	176,6	4,536	
53	176,6	4,989		59	168,3	4,536		65	158,8	4,762	
55	176,6	4,536		61	162,7	4,536		67	162,7	4,536	
57	171,1	4,536		63	158,8	4,309		68	162,7		

TROISIÈME ESSAI

Quantité d'huile employée sur le tourillon : 332 milligrammes.

Vitesse de la surface de frottement : 224 mètres.

Pression par centimètre carré : 2kg.,230

Pression totale : 54kg,432.

Temps	Température des coussinets	Frottement kg.	Coefficient de frottement	Temps	Température des coussinets	Frottement kg.	Coefficient de frottement	Temps	Température des coussinets	Frottement kg.	Coefficient de frottement
au départ	20°,6	0		5	98°,9	5,216	0,096 minimum	11	140°1	6,804 à	moy.
1	33,0	0,525		7	112,7	5,216		12[1]	160,	11,340	0,1217
2	76,7	6,804		9	126,6						

1. Tourne à sec et commence à se roder à la fin de la 12e minute.

QUATRIÈME ESSAI

Quantité d'huile employée sur le tourillon : 332 milligrammes.

Vitesse de la surface de frottement : 224 mètres.

Pression par centimètre carré : 3kg.,375.

Pression totale : 81kg.,648.

Temps	Température des coussinets	Frottement kg.	Coefficient de frottement	Temps	Température des coussinets	Frottement kg.	Coefficient de frottement	Temps	Température des coussinets	Frottement kg.	Coefficient de frottement
au départ	26°,7	0		3	82°,2	6,804	minimum 0,833	7	140°5	13,60	moy.
								8	160,0	à	
1	37,8	9,072		5	112,7	7,257		9[1]	173,8	18,144	0,1194

Essai d'une huile marquée X et sa comparaison avec les types suivants : huile de spermacéti, blanche d'hiver, pure et huile de grains pure.

Voici un exemple de la méthode que nous avons adoptée plus tard pour faire une recherche suffisamment complète. Les huiles furent essayées sur la machine, modèle 77, en suivant la méthode déjà décrite.

On a éprouvé, sur les mêmes coussinets et absolument dans les mêmes conditions, les lubrifiants types (spermacéti d'hiver blanchie et huile de lard pure), ainsi que l'huile X.

Les tables suivantes donnent les résultats de ces essais.

1. Tourne à sec ; l'huile commence à brûler à la fin de la 9e minute.

RAPPORT D'ESSAIS DE LUBRIFIANTS

Huile de spermacéti, blanche, d'hiver et huile de lard.

Laboratoire de mécanique. — Section du génie civil. — Institut de technologie Stevens. Laboratoire n°s 90 et 93, marques spermacéti-type. Huile de lard de Pensylvanie.

Provenances : New-Bedfort et Pens. Railroad.

Recherche pour déterminer la faculté de réduire le frottement ; coefficient de frottement $= \frac{\text{lecture de l'arc}}{\text{pression totale}} = \frac{\text{pression}}{\text{frottement}}$ — n° d'essai : 1, 2, spermacéti ; — 1, 2, graisse. Pression sur le tourillon en kg. par cm. carré : 3 kg. 518 ; 7 kg. 031 pour le spermacéti — 3 kg. 518 ; 7 kg.031 pour l'huile de lard. Pression totale sur le tourillon : 90 kilogrammes 720 : 181 kilogrammes, 440 graisse. Quantité d'huile employée : graissage continu ; coefficient moyen de frottement : 0,0050 ; 0,0037 pour le spermacéti. — 0,0100 ; 0,0062 pour l'huile de lard ; mètres mesurés par la surface de frottement en une minute : 72 m. 32 à 71 m. 65, pour le spermacéti, et de 71 m. 26 à 69 m. 85 pour l'huile de lard. Élévation de température maximum ; 4°5 à 5°6, pour le spermacéti. — 5° à 6° 7, pour l'huile de lard.

HUILE DE SPERMACETI. — N° 1

Temps minutes	Nombre de tours	Température	Section de l'arc divisé	Coefficient de frottement	Temps : minutes	Nombre de tours	Température	Section de l'arc divisé	Coefficient de frottement	Temps : minutes	Nombre de tours	Température	Section de l'arc divisé	Coefficient de frottement
Au départ		32°,2	1,5		20		35°,6	1		40		36°,7	1	
5		33 ,9	1		25		36 ,1	1		45		36 ,7	1	
10		34 ,4	1		30		36 ,7	1		55		36 ,7	1	
15		35 ,0	1		35		36 ,7	1		60		36 ,7	1	
ESSAI N° 2														
Au départ		32°,2	2		20		36°,7	1,5		40		37°,8	1,5	
5		33 ,9	1,5		25		37 ,8	1,5		45		37 ,8	1,5	
10		35 ,0	1,5		30		37 ,8	1,5		50		37 ,8	1,5	
15		36 ,7	1,5		35		37 ,8	1,5		60		37 ,8	1,5	
HUILE DE GRAISSE. — N° 1														
Au départ		32°,2	2		20		36°,7	1,5		40		37°,2	1,5	
5		33 ,9	1,5		25		27 ,2	1,5		45		37 ,2	1,5	
10		35 ,0	1,5		30		37 ,2	1,5		50		37 ,2	1,5	
15		35 ,9	1,5		33		37 ,2	1,5		60		37 ,2	1,5	
ESSAI N° 2														
Au départ		32°,2	3		20		36°,7	2,5		40		38°,9	2,5	
5		33 ,9	2,5		25		37 ,9	2,5		45		38 ,9	2,5	
10		35 ,9	2,5		30		38 ,9	2,5		50		38 ,9	2,5	
15		36 ,4	2,5		35		38 ,9	2,5		60		38 ,9	2,5	

REGISTRE DES ESSAIS DE LUBRIFIANTS

Huile de spermacéti blanche d'hiver et huile de lard.

Laboratoire de mécanique. — Section du génie civil. — Institut de technologie Stevens. Laboratoire n°s 90 et 93. Marque d'origine de spermacéti pure, huile de lard de Pensylvanie, sources : Bedford et Pens. R. R. Recherches pour déterminer la durabilité de l'huile. Le coefficient de frottement $= \frac{\text{lecture de l'arc}}{\text{pression totale}} = \frac{\text{pression}}{\text{frottement}}$ — n° de l'essai : 1 spermacéti, huile de lard. — Pression sur le tourillon en kg. par cent. carré : 5 kg. 273 pour le spermacéti et 5 kg. 273 pour l'huile de lard. Pression totale sur le tourillon : 136 kg. 080 : quantité d'huile employée en milligrammes : 8 spermacéti et 8 huile de graisse. Coefficient moyen de frottement pour le spermacéti et l'huile de lard.

Tours 27870 pour le spermacéti, et 24600 pour l'huile de lard ; nombre total de mètres parcourus par la surface de frottement 29645 pour le spermacéti, et 2606106 pour l'huile de lard ; élévation de température maxima ; 190° C. 4 pour le spermacéti et 30° C. 55 pour l'huile de lard.

Temps : mi	Nombre de	Températ	Section de	Coefficien de frottem	Temps : min	Nombre de t	Températu	Section de l	Coefficien de frottem	Temps : mini	Nombre de to	Températur	Section de l'	Coefficient de frottem
Au départ		18°,3	3		60		37°,8	4,5		77	25,560	37°,8	6	
1		18 ,3	4		62		37 ,8	5		Nouvelle distribution d'huile				
5		21 ,1	4		63	23,010	37 ,8	6		79		37°,8	4,5	
10		25 ,5	4		Nouvelle distribution d'huile					80		37 ,8	5	
15		29 ,4	4		65		37°,8	3		82	24,860	37 ,8	6	
20		33 ,9	4		68		37 ,8	5		Nouvelle distribution d'huile				
25		35 ,0	4		70	24,860	37 ,8	6		84		37°,8	5,5	
30		36 ,7	4		Nouvelle distribution d'huile					85	27,870	37 ,8	6	
40		37 ,8	4		72		37°,8	3		Nouvelle distribution d'huile				
50		37 ,8	4		75		37 ,8	5,5		87		37°,8	6	
HUILE DE GRAISSE														
Au			5											
départ		18°,3	6		45		47°,8	9		64		48°,9	8	
1		18 ,3	6		50	17,810	48 ,9	10		65		48 ,9	9	
5		23 ,9	6		Nouvelle distribution d'huile					66	24,500	48 ,9	10	
10		29 ,4	7		52		48 ,9	5		Nouvelle distribution d'huile				
15		35 ,0	8		53		48 ,9	6		68		48 ,9	7	
20		37 ,8	9		55		48 ,9	7		69		48 ,9	8	
25		40 ,6	10		57		48 ,9	8		70		48 ,9	8,5	
30	11,120	43 ,3			58		48 ,9	8,5		72		48 ,9	9	
Nouvelle distribution d'huile					59		48 ,9	9		73	24,500	48 ,9	10	
32		43 ,3	5		60	20,660	48 ,9	10		Nouvelle distribution d'huile				
35		43 ,3	6,5		Nouvelle distribution d'huile					75		48, 9	8	
38		45 ,0	7		61		48 ,9	5,5		76	24,500	48, 9	10	
40		46 ,1	8		62		48 ,9	6,5		Nouvelle distribution d'huile				
43		47 ,8	9		63		48 ,9	7,5		78		48 ,9	10	

REGISTRE DES ESSAIS DE LUBRIFIANTS

Huile marquée X

Laboratoire de mécanique. — Section du génie civil. — Institut de technologie Stevens, marque X. — Recherches pour déterminer la durabilité de l'huile ; coefficient de frottement $= \frac{\text{lecture de l'arc}}{\text{pression totale}} = \frac{\text{frottement}}{\text{pression}}$. Nos d'essai : 1, 2 — pression sur le tourillon en kg. par centimètre carré : 5 kg. 273 ; 5 kg. 273. — Pression totale sur le tourillon : 136 kg. 0,80 ; 136 kg. 080 ; quantité d'huile employée sur le tourillon en milligrammes : 8 et 8 ; nombre total de tours : 25720 ; 27040. Nombre total de mètres parcourus par les surfaces de frottement : 2735 m. 88 ; 3089 m. 72. Élévation de température maxima : 52°,8 ; 63°,9.

Les graissages intermédiaires étant faits pour assurer une utilisation plus complète de l'huile, l'observateur s'est servi du bout de son doigt pour les effectuer.

Temps : minut	Nombre de tou	Température	Lecture de l'ar	Coefficient de frottement	Temps : minut	Nombre de tou	Température	Lecture de l'arc	Coefficient de frottement	Temps : minutes	Nombre de tours	Température	Lecture de l'arc	Coefficient du frottement
Au dessus		18°,3	11		45		51°,7	9		72	19,280	62°,8	16	
5		29 ,4	10		48		51 ,7	10		nouvelle distribution d'huile				
6		31 ,1	8		50		53 ,3	11		73		62 ,8	13	
10		35 ,0	8		53		53 ,3	12		74		64 ,4	14	
15		43 ,3	10		55		54 ,4	12		75		65 ,6	14	
20		48 ,9	11		60		57 ,2	12		80		65 ,6	14	
24	7,590	48 ,9	16		65		60 ,0	15		85		68 ,3	14	
nouvelle distribution d'huile					66	17,940	60 ,0	16		90		71 ,1	14	
27		48 ,9	8		graissage					92		71 ,1	15	
30		48 ,9	8		67		60 ,0	11		93	25,720	71 ,1	16	
35		48 ,9	9		68		60 ,0	12		nouvelle distribution d'huile				
40		50 ,6	10		69		61 ,7	13		94		71 ,1	16	
42	11,920	51 ,7	19		70		62 ,8	13						
nouvelle distribution d'huile					71		62 ,8	15						
ESSAI N° 11.														
Au dessus		18°,3	10,5		47		67°,2	15		60		73°,9	13,5	
5		32 ,2	11,5		48	17,890	68 ,3	20		65		76 ,7	14	
10		46 ,1	11,5		nouvelle distribution d'huile					70		79 ,4	14,5	
15		54 ,4	11		49		68 ,3	10		75	27,040	82 ,2	20	
20		60 ,0	10,5		50		68 ,3	13		nouvelle distribution d'huile				
40		65 ,6	10,5		51		70 ,0	14		77		82 ,2	20	
45		65 ,6	12		52		70 ,0	15						
46		65 ,6	13		53		71 ,1	13,3						

REGISTRES D'ESSAIS DE LUBRIFIANTS.

Huile marquée X.

Laboratoire de mécanique — Section du génie civil. — Institut de technologie Stevens, marque X. — Composition : mélange inconnu, huiles minérales mélangées peut-être avec d'autres huiles et du graphite en poudre. — Note. — Le graphite se déposait lorsqu'on abandonnait le mélange au repos [1]. — Recherche ayant pour but de déterminer la faculté de réduire le frottement ; coefficient de frottement $= \frac{\text{lecture de l'arc}}{\text{pression totale}} = \frac{\text{frottement}}{\text{pression}}$ — n^{os} d'essai, 1, 2. Pression sur le tourillon en kg. par cm. carré : 3 kg. 515 — 7 kg. 930. Pression totale sur le tourillon : 14 kg 06, 28 kg. 12. — Quantité d'huile employée, alimentation continue ; coefficient moyen de frottement : 0,206 ; 0,168. Minimum : 0,0200 ; 0,0125. — Nombre total de mètres parcourus par les surfaces de frottement, par minute : 7167 m. 98 et 702 m. 56. — Elévation de température maxima : 5°,6, 22°,2.

1. Les bonnes huiles plombaginées ne doivent pas donner de précipité, même après qu'on les a laissé longtemps reposer.

Temps : minutes	Nombre de tours	Température	Lecture de l'arc	Coefficient de frottement	Temps : minutes	Nombre de tours	Température	Lecture de l'arc	Coefficient de frottement	Temps : minutes	Nombre de tours	Température	Lecture de l'arc	Coefficient de frottement
Au départ		32°,2	5		20		36°,7	4		45		37°,8	4	
1		32 ,7	5		25		36 ,7	4		50		37 ,8	4	
5		35 ,0	5		30		36 ,7	4		55		37 ,8	4	
10		36 ,7	4,5		35		36 ,7	4		60		37 ,8	4	
15		36 ,7	5		40		36 ,7	4						
ESSAI N° 11														
Au départ		32°,2	15		20		53°,3	5		45		40°,6	5	
1		38 ,8	17		25		48 ,9	6		50		40 ,6	5	
5		54 ,4	20		30		43 ,3	5		55		40 ,6	5	
10		53 ,3	8		35		40 ,6	5		60		40 ,6	5	
15		53 ,3	10		40		40 ,6	5						

D'après les séries d'épreuves qui précèdent, nous avons déduit les résultats et les conclusions qui suivent :

COEFFICIENTS MOYENS DE FROTTEMENT.

Laboratoire n°	Nature de l'huile	Pression par centimètre carré		
		7kg,031	3kg,515	moyen.
90	de spermacéti, blanche, d'hiver	0,0037	0,0050	0,00435
		0,0168	0,0206	0,00187
93	de graisse	0,0062	0,0100	0,0081

La valeur relative de ces huiles (celle de spermacéti étant fixée comme type en lui donnant une valeur de 100) sera représentée par les quotients obtenus en divisant le coefficient de l'huile de spermacéti par celui des autres huiles et multipliant par 100.

La table suivante donne ces quotients.

VALEUR RELATIVE DES HUILES AU POINT DE VUE DE LA RÉDUCTION DU FROTTEMENT.

Nature de l'huile	Pression par centimètre carré		
	7kg,031	3kg,515	moyen.
de spermacéti, blanche, d'hiver	100	100	100
	22	24,2	23,2
de graisse	59,6	50	53,7

Le nombre de tours faits par minute était d'environ 700 (74^m 40), ce qui donnait une vitesse de surface de frottement d'environ 56 km. 325 à l'heure pour une roue de 0^m,838 dans le service des chemins de fer. En divisant les coefficients des huiles par le coefficient du spermacéti et en multipliant par 100, nous obtenons les chiffres du tableau suivant, qui représentent la quantité proportionnelle de force dépensée, pendant l'usage des huiles désignées.

FORCE PROPORTIONNELLE EMPLOYÉE.

Nom de l'huile	Pression par centimètre carré.		
	$7^{kg},030$	$3^{kg},515$	Moyenne
Spermacéti W. B.	100	100	100
X moyenne	481	412	429,8
Huile de lard	167,6	200	186,20

Sous le rapport du frottement, le spermacéti est ce qu'il y a de mieux ; l'huile de lard vient ensuite, et, en dernier lieu, l'huile marquée X.

Les résultats des épreuves de durabilité nous donnent les chiffres suivants :

DURABILITÉ OU POUVOIR DE RÉSISTANCE A L'USURE.

	Nombre de tours.	Mètres parcourus
WB spermacéti . . .	27870	$2964^{m},57$
X (moyenne). . . .	26380	2806, 08
Huile de lard	24500	2606, 11

Si l'on prend pour type le spermacéti d'hiver, blanchi, en lui donnant la valeur de 100, les valeurs des huiles, sous le rapport de la durabilité, seront représentées par 100 fois le quotient que l'on obtiendra en divisant le nombre de tours ou de mètres parcourus pour chaque espèce d'huile, par le nombre de tours du spermacéti. De cette manière, nous obtenons les valeurs suivantes.

DURABILITÉ RELATIVE.

Spermacéti WB	100
X	94.6
Huile de lard	87.9

Les chiffres de ce dernier tableau sont les mesures du laps de temps que des quantités égales de chaque espèce d'huile peuvent durer, de sorte que les chiffres les plus élevés de ce tableau correspondent aux huiles de plus grande valeur.

La valeur d'une huile peut être considérée comme étant en proportion de la grandeur des nombres de la table ci-dessus, de même qu'en proportion de la grandeur des nombres de la table intitulée : *Pouvoir relatif de réduire le frottement*, de sorte que, en combinant les résultats donnés dans les deux tables, le spermacéti étant le type évalué à 100, il suffira, pour représenter les valeurs relatives des huiles, de prendre le centième des produits que l'on obtiendrait en multipliant les nombres de la dernière colonne de la table intitulée : *Durabilité relative*, par ceux de la dernière colonne de la table intitulée : *Pouvoir proportionnel de réduire le frottement.*

Les nombres suivants sont donc les :

VALEURS RELATIVES DES HUILES CI-DESSOUS.

Spermacéti W. B.	100
X	21,9
Huile de lard	47,2

SECOND ESSAI

Un second procédé d'épreuve consistait à faire un trou carré dans la boîte inférieure et à l'emplir complètement de déchets de laine, saturés avec l'huile à essayer. On versait l'huile à essayer sur le tourillon et on le soumettait à une pression de 7 kg. par centimètre carré ; on mettait la machine en mouvement, et on la faisait tourner jusqu'à ce que le frottement eût augmenté du double de la plus petite quantité que l'on avait constatée à un certain moment de l'épreuve. On a essayé, par ce procédé, l'huile marquée X et l'huile de lard. Dans chaque cas, on a employé, pour garnir la boîte, de 743 mmgr. de déchets de laine. Dans chaque cas, l'huile a été versée jusqu'à saturation complète et pesée avant et après l'épreuve. Pour l'huile X, la quantité employée a été de 4 gr. 806, et à la fin de l'épreuve il en restait 2 gr. 229, de sorte que la quantité d'huile consommée était de 2 gr. 577. Pour l'huile de lard, on a employé 4 grammes ; il en est resté 1 gr. 265 ; de sorte que la quantité consommée était de 2 gr. 755. Avec l'huile X, le chemin parcouru a été de 81143 mètres, soit 31 km. 478 [1] par gramme d'huile consommé, ce qui donne

1. L'auteur donne le nombre de 54,2 milles. Ce nombre est erroné.
En effet, pour l'huile X, la quantité consommée = 2 gr. 577 pour un parcours de 266226 pieds.
Par suite, le nombre de pieds, pour un gramme d'huile consommé, = donc $\frac{266226}{2,577} = 103308$ pieds.
Or le mille = 5280 pieds.
Le nombre de milles parcourus pour 1 gramme d'huile usée sera donc de $\frac{103308}{5280} = 19$ milles 56 ; et, en kilomètres, 19,56 × 1 km. 609315 = 31 km. 478 m. 20. (*Note du traducteur*).

un coefficient moyen de frottement de 0 gr. 0318. Pour l'huile de lard, le chemin parcouru a été de 55,633 m. 92, soit 20 km. 189[1] par gramme d'huile consommé, le coefficient moyen de frottement étant de 0 gr. 0244.

Le premier coefficient dépasse le second d'environ *soixante pour cent.*

TROISIÈME ESSAI

On a fait un troisième essai avec « les machines, type du chemin de fer », et l'on a obtenu les coefficients de frottement ci-après.

Nom de l'huile.	Pression par cm. carré et totale.		
	10kg,54 totale 183kg,12	21kg,09 totale 300kg,07	Moyenne
Spermacéti	,008	,0018	,0033
X	,024	,015	,105
Huile de lard	,009	,0059	,0075

67. *Frottement sous pressions différentes.* — En examinant les tableaux donnés à l'article 64, on est tout de suite frappé de l'énorme différence que produisent les change-

1. Pour l'huile de lard, erreur analogue.
La quantité consommée = 22735 pour un parcours de 182528 pieds.
Donc le nombre de pieds parcourus, pour un gramme d'huile consommé $= \frac{182528,20}{2,735} = 66738$.
Le nombre de milles parcourus pour un gramme d'huile usée $= \frac{66738}{5280} = 12$ milles 545 = 20 km. 189. (*Note du Traducteur*).

ments de pression. On y remarque que, à une pression de 3 kg. 374 par centimètre carré, les valeurs ne s'éloignent pas beaucoup de celles qui ont été données par des hommes d'une autorité reconnue, mais que, à des pressions inférieures, quand la résistance est plutôt le résultat de la viscosité que du frottement lui même, la valeur du coefficient de frottement dépasse de beaucoup les valeurs admises.

Il est intéressant de comparer ces nombres avec ceux obtenus à de hautes pressions. C'est pourquoi je donne le tableau ci-dessous.

Si l'on fait l'épreuve sur un tourillon d'acier fin, avec lubrification à volonté, les nombres ne sont plus qu'une fraction de ceux déjà donnés.

Le spermacéti, l'huile de lard et l'huile de la Virginie-Occidentale, essayés de cette manière, donnent :

COEFFICIENTS DE FROTTEMENT SUR TOURILLONS D'ACIER FIN.
(Thurston).

Noms.	Pression en kilogrammes par centimètre carré.								
	0k281	0k703	1k757	10k545	14k060	17k575	19k332	21k000	35k150
Spermacéti	0,12	0,08	0,041	0,0060	0,0036	0,0085	0,0021	0,0046	0,0023
Huile de lard			0,058	0,0136	0,0127	0,0110	0,0090	0,0059	0,0044
Huile de la Virginie occidentale.				0,0120	0,0035	0,0081	0,0160		*

On voit par là que les nombres diffèrent considérablement de ceux qui sont adoptés, tout aussi bien pour les faibles que pour les fortes pressions, mais que la différence est en sens inverse. Par conséquent, à ces pressions, qui sont les plus usitées en mécanique, la résistance de frottement est beaucoup moindre que nous ne l'avions admise. Le fait que les tourillons étaient en acier au lieu d'être en fer ne modifie pas nos conclusions. L'acier, la fonte et le fer forgé, jusqu'à leurs limites de pression, donnent tous presque les mêmes nombres.

Le tableau suivant donne les résultats d'expériences faites sous des pressions encore plus fortes, et avec des coussinets et des tourillons de métaux différents.

COEFFICIENTS DE FROTTEMENT DE MOUVEMENT ET COEFFICIENTS DE FROTTEMENT DE REPOS (*Thurston*).

(*a*). Tourillons de fonte et coussinets d'acier.

Pression en kilogrammes par centimètre carré.	Spermacéti B. W.			Virginie occidentale			Huile de lard		
	A $45^{m},72$ par minute f	A la mise en marche f'	Au moment de l'arrêt f'	A $45^{m},72$ (150 pieds) par minute f	A la mise en marche f	Au moment de l'arrêt f'	A $45^{m}72$ (150 pieds) par minute f	A la mise en marche f	Au moment de l'arrêt f'
$3^{k}515$	0,013	0,070	0,003	0,0213	0,110	0,025	0,020	0,070	0,010
$7^{k}030$	0,008	0,035	0,025	0,015	0,135	0,025	0,013	0,110	0,0225
$17^{k}370$	0,005	0,140	0,04	0,009	0,140	0,026	0,0085	0,110	0,016
$35^{k}150$	0,004	0,150	0,03	0,00525	0,150	0,018	0,00525	0,100	0,016
$52^{k}725$	0,0043	0,185	0,03	0,0005	0,185	0,0147	0,0066	0,120	0,020
$70^{k}300$	0,009	0,180	0,03	0,010	0,180	0,017	0,0125	0,120	0,010

Dans chaque cas la température est inférieure à 65° c. 66, (115° F.) La vitesse de frottement est de $45^{m}72$ (150 pieds) par minute.

	Spermacéti W. B.	Huile de lard
Le rapport de $\frac{b}{a}$ = 0,75 pour 500		0,77
Le rapport de $\frac{b}{a}$ = 0,888 pour 100		0,90

(*b*). Tourillons d'acier et coussinets de cuivre.

Pression en kilogrammes par centimètre carré.	Spermacéti B. W. A $45^{m},72$ par minute f	Huile de lard A $45^{m}72$ par minute f
$35^{k}150$	8,0085	0,004
70,300	0,008	0,009

En étudiant cette table, nous voyons que le coefficient diminue rapidement quand la pression augmente jusqu'à ce qu'elle atteigne une pression de 35 kg. 150 par centimètre carré ; après que la pression a dépassé 46 kg. 18 à 56 kg. 24 par centimètre carré, le coefficient augmente, et à 70 kg. 30 il s'abaisse presque à celui que l'on a obtenu pour une pression de 7 kg. 300. Il faut se rappeler qu'une pression de 35 kg. 150 à 42 kg. 180 est généralement considérée comme la limite qu'on ne doit pas dépasser dans la pratique ordinaire de la construction des machines.

Néanmoins, il n'est pas rare de trouver, sur les tourillons des bielles de machines à vapeur, des pressions de 70 kg.300 et même de 84 kg.36. Dans les cas de ce genre, les tourillons sont presque toujours en acier, et les coussinets en bronze de première qualité, conditions qu'on rencontre moins rarement ailleurs. Il y a aussi, dans ces cas-là, comme partout, une « force de réciprocité », qui agit pour donner le mouvement, une condition qui permet d'employer avec succès des pressions supérieures à celles qu'on peut atteindre ailleurs. Des alternatives d'application et de cessation de pression entre les tourillons et les coussinets se produisent à chaque changement de direction de la force motrice ; à chacun de ces changements, il se produit un repos qui permet à l'huile de se glisser entre les surfaces de frottement ; dès lors, elle ne peut pas être entièrement expulsée, avant que la cessation suivante de pression lui permette d'être remplacée par une nouvelle quantité d'huile. Quelque chose de semblable se produit dans le mouvement de soulèvement et d'affaissement d'une locomotive, ou même d'une voiture de chemin de fer sur ses ressorts, quand la vitesse est grande, même sur une bonne voie.

Ce repos ne peut se produire dans le mouvement alternatif produit par une roue de volant ; ainsi, notre appareil à essais et d'autres machines n'éprouvent pas d'arrêts de ce genre. Dans des cas analogues, la limite de pression est atteinte plus tôt.

Si on se reporte encore à notre dernière table, on voit qu'entre 7 kg. 030 et 52 kg. 725, on peut obtenir approximativement la valeur du coefficient au moyen de la formule :

$$f = \frac{a}{\sqrt{P}}$$

dans laquelle a est une quantité constante et P la pression en kg. par centimètre carré; pour le spermacéti $a = 0{,}0056$; pour l'huile minérale crue de première qualité $a = 0{,}0106$ et pour l'huile de lard $a = 0{,}0088$ [1]. On verra bientôt que la température et la vitesse modifient cette loi.

68. — Les données suivantes résultent d'essais faits sur deux sortes d'excellente graisse comparées au spermacéti qui était pris comme type.

COEFFICIENTS DE FROTTEMENT DE GRAISSE. — (THURSTON).
Tourillons d'acier, coussinets de bronze, vitesse 91m,44.

Lubrifiants	Pression en kg. par centimètre carré.					Moyenne
	70k,03	141k,06	211k,09	281k,12	351k,15	
Spermacéti	0,0141	0,0063	0,0049	0,0042	0,0039	0,0060
Graisse nº 1	0,0249	0,0146	0,0125	0,0105	0,0114	0,0140
Graisse nº 2	0,0188	0,0198	0,0160	0,0146	0,0170	0,0170

1. Ces faits et leurs conséquences ont été, dans le principe, étudiés au printemps de l'année 1878, et rendus publics dans un rapport lu à l'Association américaine pour l'avancement de la science, à Saint-Louis.

Les valeurs relatives moyennes, quant à la réduction du frottement, sont donc : 100 pour le spermacéti ; 448 pour le n° 1, et 337 pour le n° 2. Ces nombres représenteraient aussi leur valeur relative en argent si, pour les apprécier, on ne prenait que cette qualité pour base.

Voilà un nouvel exemple du mode, que nous avons déjà cité, de variation avec la pression ; toutefois, l'expression mathématique a une autre sorte de constantes, et la variation à cette vitesse est à peu près en raison inverse de la racine cubique de pression.

69. — *Frottement de repos.* — Dans le tableau précédent, il y a une série de nombres qui sont tout à la fois nouveaux et importants. Dans les colonnes intitulées « A 45 m. 73 par minute », j'indique les coefficients de frottement aux diverses pressions, telles qu'elles sont données lorsque les surfaces de frottement se meuvent à cette vitesse relative.

Ces nombres sont ceux qui sont le plus communément et le plus généralement employés. Néanmoins, j'ai donné, dans les autres colonnes, des valeurs qui, cela se voit tout de suite, sont beaucoup plus grandes, et varient suivant une loi absolument différente.

Les nombres de la première des colonnes intitulées « A, la mise en marche » sont les coefficients bien compris de frottement de repos : ils varient, suivant la pression et la nature des lubrifiants, de 0,07 à 0,18. Jusqu'à présent, ces valeurs n'ont, je pense, jamais été déterminées dans ce sens ; elles présentent cependant une grande importance, non seulement par elles-mêmes, mais aussi comme jetant quelque lumière sur les effets du mouvement par rapport à l'efficacité de la lubrification. On voit que ces nombres augmentent avec la pression, au lieu de diminuer comme le font les coefficients du frottement de mouvement, et que, sous les pressions les plus fortes, ils surpassent de dix à quatorze fois les valeurs correspondantes de ces derniers.

On voit ainsi que, dans l'effort exigé pour mettre une lourde machine en mouvement, il faut employer une force beaucoup plus grande pour vaincre le frottement au moment de la mise en marche qu'après que le mouvement vient de commencer. Je suppose que tout ingénieur ou mécanicien expérimenté s'est trouvé dans des circonstances où cette différence a été assez accentuée pour qu'une machine eût beaucoup de difficulté à se mettre en mouvement, quoique la marche ultérieure de cette même machine dût être relativement facile.

En se reportant à la table, on voit que le mode de variation du coefficient de repos est tel que les valeurs numériques de ces coefficients peuvent être calculées approximativement, dans le cas présent, au moyen de la formule :

$$f = a \sqrt{P}$$

dans laquelle $a = 0,2885$ pour le spermacéti et l'huile minérale lourde, et $a = 0,2134$ pour l'huile de lard[1].

Les nombres de la colonne intitulée « Au moment de l'arrêt » se rapportent au moment où la machine tend à s'arrêter brusquement, après que l'on a transporté la courroie de transmission sur la poulie folle. Ils ont, comme on pouvait s'y attendre, des valeurs intermédiaires entre les autres, et n'ont probablement aucune importance pratique. On peut les considérer comme ayant une valeur constante à toutes les pressions.

Ces nombres sont même probablement plus élevés que ceux que l'on obtient quelquefois avec de vieux tourillons, qui ont été entretenus en bon état, pendant plusieurs mois ou plusieurs années, et qui ont acquis par l'usure une sur-

1. Voir le rapport de l'auteur dans les « *Proceedings American Association for Advancement of science* », Assemblées de Saint-Louis, 1878.

face aussi unie que celle d'un miroir, aspect bien connu des mécaniciens expérimentés. Sur « la machine pour chemin de fer, » nous avons obtenu, pour le spermacéti et même pour l'huile de lard, des valeurs de $\frac{1}{4}$ à 1 pour 100, à des pressions de moins de 35 kg. 150 par cm. carré ; bien plus, des lubrifiants de cylindre, employés sur des coussinets chauffés à la température que possède la vapeur à une pression de 7 kg. 030, ont donné des coefficients qui se sont abaissés jusqu'à $\frac{1}{9}$ pour 100.

70. — *Frottement avec vitesse variable.* — Ce n'est que tout récemment que l'on a reconnu qu'il peut se produire quelquefois, par changement de vitesse, une sérieuse modification dans la valeur du coefficient de frottement. D'après les expériences les plus récentes, faites sur ce sujet, on a reconnu que, pour de très petites vitesses, la résistance que le frottement oppose au glissement est relativement petite, qu'elle augmente graduellement et avec quelque rapidité jusqu'à un maximum tant que la vitesse de glissement augmente, et qu'ensuite, à de plus grandes vitesses, elle recommence à diminuer et se rapproche d'une valeur [1] constante minima.

En 1858, M. H. Bochet a présenté à l'Académie des sciences, de France, un mémoire sur ce sujet [2] : il dit avoir reconnu que le coefficient de frottement, entre des surfaces de fer, est variable, et diminue quand la vitesse augmente.

M. Bochet admet que ce coefficient peut être évalué par une formule équivalant à la suivante.

1. Le professeur A. S. Kimball est le premier qui ait démontré ces particularités d'une manière complète et satisfaisante. Antérieurement, Playfar avait mis en question la théorie généralement adoptée.
2. Voir *Comptes-Rendus*, 26 avril 1858.

$$f = \frac{a + bcv}{1 + bv}$$

dans laquelle f est le coefficient de frottement, et a, b et c sont des constantes ; v est la vitesse de glissement en mètres par seconde. Les valeurs de ces constantes sont (sans frottement) :

a, de 0,3 à 0,2 pour des surfaces sèches et 0,14 pour des surfaces humides ;

b, de 0,03 pour des roues et 0,07 pour des freins ou des rails ;

c, indéterminée, mais négligeable.

En 1876[1], le professeur Kimball a dressé le tableau suivant de coefficients pour du sapin glissant sur du sapin ; il a conclu que :

1° Sur une inclinaison donnée, le frottement décroît quand la vitesse augmente, d'abord rapidement, ensuite plus lentement ;

2° A égalité de vitesses, le frottement est d'autant plus grand que l'angle du plan de glissement est plus grand ;

3° La valeur du coefficient a une tendance à devenir constante ;

4° La valeur de cette constante a paru être la même pour toutes les expériences.

1. *American journal of science*, 1876.

COEFFICIENTS DE FROTTEMENT. — SAPIN SUR SAPIN. (KIMBALL).
Pression 0kg117 par centimètre carré.

Vitesse en mètres par seconde	Valeurs du coefficient			
m	1	2	3	4
1,219	0,260	0,273		
3,048	0,252	0,261	0,270	0,280
6,096	0,243	0,248	0,254	0,260
9,144	0,237	0,242	0,256	0,250
12,192	0,233	0,236	0,240	0,242
15,239	0,230	0,232	0,235	0,236
18,287	0,228	0,230	0,231	0,232
24,383	0,224	0,226	0,226	0,225
30,479	0,222	0,223	0,221	0,222
36,575		0,220	0,217	

A des pressions doubles et même quintuples, la loi restait constante.

Des expériences plus récentes[1] ont donné les résultats suivants :

SAPIN SUR SAPIN. PRESSION 0kg,281 PAR CENTIMÈTRE CARRÉ.

Vitesse en centimètres par minute.	Coefficient de frottement.
12cm,70	0,19
27, 94	0,21
190, 50	0,24
228, 60	0,25

1. *American, journal of science*, 1876.

CUIR SUR SAPIN. PRESSION $0^{kg},281$ PAR CENTIMÈTRE CARRÉ

Vitesse en centimètres par minute.	Coefficient de frottement.
$2^{cm},01$	0,22
4, 01	0,27
10, 01	0,33
25, 35	0,36
74, 00	0,38
184, 35	0,41
400, 07	0,43
576, 07	0,45
761, 98	0,46
1133, 54	0,475

COURROIES DE CUIR SUR POULIES DE FONTE. — (KIMBALL).

Vitesse en centimètres par minute.	Coefficient de frottement.
$0^{cm},94$	0,41
1, 32	0,44
2, 89	0,48
5, 84	0,53
10, 18	0,58
39, 11	0,78
203, 96	0,86
581, 00	0,96
	1,50

Mêmes conditions, sauf vitesses plus grandes.

Vitesse	Coefficient
$45^{cm},71$	0,82
233, 67	0,93
1676, 40	1,00
3022, 59	0,96
5029, 10	0,82
6779, 16	0,69

Les valeurs de G sont relatives et ne sont pas les valeurs absolues des coefficients de frottement. Avec un tourillon en fer forgé, tournant sur des coussinets de fonte bien huilés, avec une charge de 4 kg. 687 par centimètre carré, à des vitesses de frottement de 1 m. 84, de 1 m. 96, de 1 m. 53 et de 3 m. 33 par minute, la résistance de frottement varie depuis 1 jusqu'à 0,60, 0,40 et 0,29 aux très petites vitesses de 0 cm. 018, 0 cm. 069, 0 cm. 152 et 0 cm. 335 par minute, les résistances relatives étaient : 0,37, 0,51, 0,73 et 1,60.

Les professeurs Jenkins et Ewing [1], en expérimentant à des vitesses encore moindres (de 0 m. 0006 à 0 m. 003 par seconde) avec des métaux divers et sans lubrification, ont trouvé une loi semblable.

Avec des *surfaces lubrifiées*, ils n'ont pas constaté de variations semblables.

Ces expérimentateurs admettent comme probable qu'il y a une continuité de valeurs entre les coefficients qui varient graduellement pour des vitesses décroissantes et ceux qui concernent le frottement statique.

Des expériences encore plus récentes, publiées par Kimball [2], relativement à des tourillons lubrifiés, tournant sous une pression de 1 kg.054 à 1 kg.757 par centimètre carré, donnent les résultats suivants :

Vitesse en mètres par minutes.	0m,305	0,914	1,524	2,133	3,048	4,572
Coefficients	0,150	0,122	0,114	0,093	0,079	0,066
Vitesse en mètres par minute.	6m,096	9,144	12,192	18,287	24,383	27,431
Coefficients	0,058	0,054	0,053	0,052	0,051	0,050

1. *Proceedings of Royal Society*, 1876.
2. *American journal of science*, mars 1872, p. 194.

71. — *Coefficients de frottement.*

(THURSTON)

Tourillons neufs en acier. — Coussinets de bronze. — Pression et température variables.

LUBRIFIANTS : HUILE DE SPERMACÉTI TYPE

Vitesse par minute	9m,144 par minute					27m,431 par minute					76m,197 par minute		152m,395 par minute		365m,478 par minute		
Pression en kg. par centimètre carré	14k,060	10k,545	7k,030	3k,515	0k,281	14k,060	10k,545	7k,030	3k,515	0k,281	14k,060	7k,030	14k,060	7k,030	14k,060	10k,545	7k,030
Temp. en degrés C.																	
65°56	0,0560	0,0500	0,0250	0,0125	125	0,0140	0,3074	0,0025	0,0037	0,0630	0,0047	0,0037	0,0053	0,0037	0,0060	0,0058	0,0081
60°	0,0250	0,0330	0,0110	0,0087	125	0,0100	0,3050	0,0025	0,0037	0,0630	0,0047	0,0037	0,0053	0,0037	0,0062	0,0058	0,0070
54°45	0,0160	0,0200	0,0044	0,0075	125	0,0087	0,3041	0,0019	0,0037	0,0630	0,0047	0,0037	0,0053	0,0057	0,0065	0,0062	0,0073
48°90	0,0110	0,0110	0,0044	0,0075	125	0,0056	0,3035	0,0019	0,0037	0,0630	0,0047	0,0037	0,0056	0,0037	0,0069	0,0067	0,0080
43°34	0,0100	0,0033	0,0037	0,0062	094	0,0044	0,3033	0,0019	0,0037	0,0630	0,0050	0,0050	0,0062	0,0050	0,0075	0,0075	0,0087
37°78	0,0075	0,0028	0,0031	0,0056	094	0,0040	0,0033	0,0019	0,0037	0,0630	0,0056	0,0061	0,0065	0,0061	0,0081	0,0083	0,0094
32°22	0,0056	0,0025	0,0031	0,0037	094	0,0040	0,0033	0,0019	0,0037	0,0630	0,0070	0,0062	0,0075	0,0032	0,0160	0,0170	0,0150

Le professeur Kimball [1] a donné la table suivante dans laquelle on remarque une légère diminution du coefficient de frottement correspondant à une augmentation de vitesse, mais dans des limites restreintes.

COEFFICIENTS DE FROTTEMENT (KIMBALL).

Kilogrammes par centimètre carré.	f à une vitesse de 0^m179 par minute.		f à une vitesse, de 0^m661 par minute.	
1^k652	0,154	0,159	0,136	0,130
3,322	0,149	0,147	0,116	0,124
7,262	0,155	0,150	0,111	0,127
11,002	0.147	0,147	0,113	0,124
13,807	0,144	0,143	0,111	0,125

FROTTEMENT A DES VITESSES VARIABLES. (THURSTON).

Si on se reporte au tableau placé en tête du présent article, et donnant, d'après les expériences faites au laboratoire de mécanique de l'Institut technologique Stevens, les effets de variations de vitesse ainsi que de variations coïncidentes de pression et de température, on voit immédiatement que le changement de valeur de vitesse n'est pas considérable quand la vitesse se maintient dans les limites ordinaires et que la température est celle d'un tourillon non échauffé et fonctionnant dans des conditions normales. L'effet du changement de vitesse varie, comme on le voit, avec le changement de température et de pression.

Pour des tourillons non échauffés, se trouvant dans de bonnes conditions, lubrifiés avec de bonne huile de spermacéti de première qualité, et dans des limites de vitesse de 30 à 366 mètres par minute, on peut considérer que ces

1. *American journal of science*, mars 1878.

valeurs varient approximativement comme la racine cinquième de la vitesse de frottement, c'est-à-dire

$$f = a \sqrt[5]{V}$$

A une pression constante de 14 kg. 66, par exemple, nous pourrons dire: $a = \frac{0,0015}{0,0703} = 0,0015 \times 14,223 = 0,0213$.

72. — *Frottement avec pression et vitesse variant simultanément.* — Nous pouvons maintenant poser en toute sûreté une équation qui donnera les valeurs du coefficient de frottement, pour de bons tourillons lubrifiés avec de l'huile de spermacéti et pour tous les changements ordinaires, soit de pression, soit de vitesse.

Puisque,

$$f \propto \sqrt[5]{V} \text{ et } f \propto \frac{1}{\sqrt{}}$$

nous avons:

$$f = a \frac{\sqrt[5]{P}}{\sqrt{P}}$$

dans laquelle, nous pouvons le dire, pour les conditions ordinaires a = de 0,02 à 0,03 [1].

Dans d'autres conditions et avec d'autres lubrifiants, on peut déterminer la valeur de a, en comparant ces substances, au moyen de la machine à essais, dans les conditions admises, avec l'huile type, dans les conditions normales, telles qu'elles sont indiquées ici.

73. — *Frottement avec variations de pression, de vitesse et*

1. Voir le mémoire de l'auteur: « *On friction measurement,* » etc. « *Proceedings of the American Association for advancement of science* », 1878.

de température. — Nous avons ici quelques données extrêmement intéressantes. On a obtenu les nombres suivants, en amenant le coussinet à s'échauffer par son propre mouvement jusqu'à un maximum de 76°,67 C., température bien inférieure à celle capable d'altérer l'huile ; on notait le frottement à toutes les températures successives, pendant le refroidissement. Il faut se rappeler que toutes les températures indiquées ci-après ne doivent être considérées que comme approximatives.

FROTTEMENT ET TEMPÉRATURE (THURSTON).

Tourillons d'acier. — Lubrifiant : huile de spermacéti.
Vitesse 9m,144 par minute.

Pression en kg. par centimètre carré.	Température. Degrés centigrades.	Coefficient de frottement: *f*.
14kg060	65°,56	0,0500
14, 060	60, 00	0,0250
14, 060	54, 45	0,0160
14, 060	48, 90	0,0110
14, 060	44, 34	0,0100
14, 060	37, 78	0,0035
14, 060	35, 00	0,0060
14, 060	32, 22	0,0035
10, 545	43, 34	0,0056
7, 030	43, 34	0,0025
3, 515	43, 34	0,0035
0. 281	43, 34	0,0050
14, 060	32, 22	0,0040
10, 545	32, 22	0,0025
7, 030	32, 22	0,0025
3, 515	32, 22	0,0035
0, 281	32, 22	0,0040

Les nombres ci-dessus tendraient à prouver que le spermacéti, employé dans cette épreuve et soumis à ces conditions, au nombre desquelles se trouve une très petite vitesse, agit plus efficacement aux températures les plus basses, et que l'échauffement du tourillon produit rapidement une augmentation de frottement, et rapidement aussi une augmentation de danger. Aux températures ordinaires de 32°,22 à 43°,34, la pression la plus favorable paraît être de 7 kg. 03 à 10 kg. 545 par centimètre carre.

Il serait peut-être téméraire de tirer des données précédentes des conclusions générales ; néanmoins, l'étude de cette dernière table est excessivement intéressante et instructive.

La table de l'article 71 donne des coefficients de frottement pour les températures depuis 32°,22 jusqu'à 65°,56 ; pour les pressions, jusqu'à 14 kg. 060 par centimètre carré, et pour les vitesses de frottement jusqu'à 365^{m},748 par minute. Cette table est donc une sorte de résumé pour toutes les conditions ordinaires du travail de machines fonctionnant sous des charges légères et modérées.

Nous y trouvons des renseignements excessivement précieux et très intéressants qui concernent directement notre travail de chaque jour.

Nous avons vu qu'à la petite vitesse de 9^{m},144 par minute, le coefficient augmente rapidement quand la température augmente et que, à une pression de 14 kg. 060 par centimètre carré, une augmentation de 278,77 augmente la valeur du coefficient de presque dix fois le minimum ; la proportion de l'accroissement augmente rapidement au fur et à mesure que les pressions sont plus grandes. Nous remarquons maintenant que, à des vitesses de 27^{m},431 par minute, entre les températures de 32°C, 22 et 65°,55, et à des pressions au-dessous de 3 kg. 515 par centimètre carré le frottement ne varie pas ; mais, qu'il augmente presque de 300 0/0 à une pression de 14 kg. 060 ; de plus de 100 0/0 à celle de 10 kg. 545 et de 33 0/0 à la pression de 7 kg. 030.

Aux vitesses dépassant 27^m,431 par minute, l'échauffement du tourillon, dans ces limites de température, *diminue* la résistance due au frottement, rapidement d'abord ; ensuite, on s'approche lentement et graduellement d'une température à laquelle l'augmentation de frottement se produit ; dès lors, cette augmentation continue avec une vitesse de plus en plus grande. On voit que le changement de la loi se produit à une température de 48°,90 et au-dessus ; à de plus grandes vitesses, la diminution continue jusqu'à ce que l'on atteigne des températures dépassant celles qui sont permises dans les machines : ordinairement, jusqu'à près de 65°,56 et quelquefois 82°,23 et même davantage. J'ai remarqué que, à 265^m,748 par minute, la diminution continue jusqu'à 79°,45, et qu'à 14 kg. 060 de pression, elle était, dans les cas déterminés, de 0,0030. La limite de diminution, sous une pression de 7 kg. 030, s'arrête à 63°,56 quand on marche à cette grande vitesse.

A une pression de 14 kg. 060, *la température de frottement minima*, dans les mêmes conditions que ci-dessus, paraît être en degrés F., environ :

$$t = 46 \sqrt[3]{V} .$$

On peut admettre que, dans d'étroites limites, en dessus ou en dessous de ce point de l'échelle thermométrique, la température de frottement minima varie en raison directe ou inverse de la température, selon les cas.

De plus, en étudiant sur cette table, qui est la plus instructive de toutes, la marche que suivent les variations, lorsque la pression atteint de plus hautes températures, nous trouvons que l'effet de changement de pression est beaucoup plus accentué à de hautes températures et à de petites vitesses, et, résultat singulier, quand nous étudions l'effet des variations de frottement sous l'influence du changement de température, à une pression toujours la même, en tant que cet effet est modifié par le changement de vitesse, nous trouvons alors que la loi se modifie sous l'influence des très grandes vitesses.

A une vitesse de 365m,748 par minute, le coefficient reste pratiquement le même, à 65°,56 sous des pressions différentes, tandis que, à des températures inférieures, le coefficient de frottement diminue quand la pression augmente. A des vitesses de frottement de 76m,497 à 152m,395 par minute, la température à laquelle on obtient un coefficient constant est aux environs de 37°,78. A la vitesse de 27m,431 on retrouve cette circonstance particulière, aux environs de 48°,90, quand on compare les pressions *extrêmes* (0kg.281 et 14 kg.060 par centimètre carré) ; mais entre 3 kg. 515 et 10 kg. 545, la valeur du coefficient augmente de plus de la moitié ; à 7 kg. 030 elle atteint le minimum de 0,0019 ; à la plus petite vitesse observée, 9m,144. On observe une marche semblable, à la température d'environ 51°,67 ; et la valeur du coefficient atteint un minimum, à la pression intermédiaire.

On pourrait croire que le lubrifiant tend toujours à sortir du tourillon avec une vitesse de plus en plus grande, puisque l'élévation de température en augmente la fluidité, ce qui tend à amener une augmentation de frottement ; mais, en réalité, l'effort de la capillarité, pour résister à cette déperdition du lubrifiant, paraît être secondé, d'une manière efficace, par la vitesse du frottement.

Il s'établit un équilibre entre ces influences contraires, à la vitesse minima, quand la pression est inférieure à 0 kg.381 par centimètre carré. C'est ce qui se produit aussi à une vitesse de 27^{m},441 par minute et à une pression de 3 kg. 513. De même, à 76^{m},197 et à une pression d'environ 10 kg. 545. Il est probable que cela a lieu encore à la vitesse de 154^{m},395 ou aux environs. A la vitesse de 367^{m},748 par minute, le bénéfice de cette augmentation de vitesse est suffisant pour produire cet équilibre, lorsque la pression s'élève à plus de 14 kg. 060 par centimètre carré.

Nous croyons que, de ces données, on peut tirer des indications très utiles relativement au mode d'action des substances lubrificatrices.

En résumé, il est bien démontré qu'une série de comparaisons, comme celles que j'ai faites, est nécessaire quand on veut connaître la valeur réelle, les conditions d'emploi et l'étendue possible de l'emploi de toute espèce d'huile ou de tout autre lubrifiant. Un semblable examen systématique nous révèle précisément les conditions qui conviennent le mieux aux lubrifiants, et nous montre avec certitude à quelle pression et à quelle vitesse ils donnent les meilleurs résultats.

Réciproquement, la vitesse, la pression et les autres conditions du travail étant connues, on n'aura qu'à se reporter à une série de déterminations de ce genre, relatives à divers lubrifiants, pour reconnaître sans difficulté, immédiatement, quel est celui que l'on doit adopter de préférence pour le travail que l'on a en vue.

Ainsi, ayant eu l'occasion de déterminer le coefficient de frottement d'une matière ayant une très grande réputation comme *huile de cylindre*, c'est-à-dire à titre d'huile employée dans les cylindres de machines à vapeur, on a trouvé que son caractère distinctif, si on la compare avec les huiles qui ne sont pas spécialement propres au même usage, est un coefficient diminuant continuellement jusqu'aux limites de température de la vapeur sous les pressions qu'on lui donne dans les locomotives.

On devrait toujours déterminer ainsi la valeur de tout nouveau lubrifiant et les meilleurs emplois à lui donner. J'ai donné des nombres pour un tourillon d'acier fin tournant dans de bons coussinets de bronze, lubrifiés avec de l'huile de spermacéti, non pas simplement comme exemple, mais principalement pour présenter la meilleure série des conditions requises ; j'ai voulu établir une sorte de *type* qui pût servir de terme de comparaison pour d'autres lubrifiants de moindre valeur ou moins connus, ou employés dans des conditions moins favorables.

74. — *Durabilité ou puissance de durée des lubrifiants.* — J'ai déjà indiqué les difficultés que l'on rencontre, quand on essaie de déterminer, même d'une façon approximative, la puissance de durée des substances lubrifiantes ; pour obtenir des résultats certains, il est indispensable, non seulement d'avoir acquis une grande expérience, mais encore d'expérimenter avec beaucoup de soins et de patience.

Les obstacles, qui se présentent, lorsque l'on tente de faire pratiquement des applications usuelles des données déjà acquises, ne sont guère moins sérieuses ; je les exposerai en détail après avoir décrit les résultats d'expériences que j'ai déjà faites. J'ai continué ces recherches, et il y a tout lieu d'espérer que d'autres résultats, plus décisifs encore, pourront être obtenus par la suite.

En essayant, sous le rapport de la durabilité, un grand nombre d'huiles [1] du commerce sur un tourillon de fonte, j'ai employé 32 mmg. de chaque huile, à chaque essai et en une seule fois ; je notais ensuite *le temps nécessaire pour que le tourillon restât sec à force de tourner.* Voici les résultats :

1. Cette collection renfermait plusieurs huiles qui avaient peu de valeur en tant que lubrifiants.

HUILE COMMERCIALE DE DURABILITÉ MOYENNE. — (THURSTON).

Pression par centimètre carré	Durée de l'essai.			Élévation de la température b	Coefficient moyen. f	Coefficient de chaleur $100 \frac{a}{b} = c$
	moyenne m	minimum	maximum			
0^{kg},562	82	17	144	75° C., 00	0,20	50
1,124	29	9	97	100,00	0,16	14
2,250	10	2	19	108,90	0,12	5
3,374	8	1	13	108,90	0,10	4

Le « coefficient de chaleur » est une donnée importante; car, elle fait voir l'augmentation proportionnelle de température par minute, pendant la durée de l'essai. Sa valeur est prise quelquefois comme mesure de durabilité; généralement, cette estimation est fausse, bien que, dans quelques cas, elle se trouve presque exacte.

Les huiles essayées ont donné les résultats suivants, la vitesse étant de 228 m. 59 par minute.

DURABILITÉ, ETC., DE LUBRIFIANTS SUR FONTE[1]. (THURSTON.)

	Pression par centimètre carré	Durée de l'épreuve	Élévation de la température	Coefficient F	Coefficient de chaleur G
Spermaceti d'été...	0kg,562	111 min.	110°C,00	0,13	48,2
—	1,124	29	107,23	0,10	12,8
—	3,374	9	90,56	0,08	4,6
Huile de lard.......	0,562	165	137,23	0,13	61,1
—	1,124	33	101,67	0,11	15,3
—	3,374	7	129,45	0,10	2,6
Huile d'olive	0,562	83	76,67	0,13	48,8
—	1,124	41	118,34	0,10	16,7
—	3,374	14	115,56	0,06	5,8
Huile de coton	0,562	107	85,00	0,16	57,8
—	1,124	45	135,00	0,12	16,3
—	3,374	12	154,45	0,07	3,9
Huile de morue.....	0,562	40	93,34	0,15	20,0
—	1,124	14	79,45	0,12	8,0
—	3,374	9	104,45	0,07	4,1
Huile minérale crue (?).........	0,562	120	46,56	0,10	122,0
—	1,124	97	140,56	0,10	34,0
—	3,374	5	132,23	0,10	1,8

En comparant un mélange de plombagine et de graisse avec du spermacéti, j'ai trouvé que le premier avait un coefficient moindre, qu'il s'échauffait moins rapidement et qu'il durait plusieurs fois aussi longtemps. J'ai remarqué aussi que, employée en couches très minces, la plom-

1. Voir *Polytechnic Review*, 3 mars 1877.

bagine était meilleure qu'à l'état de poudre impalpable, résultat qui, pour moi, était tout à fait inattendu.

Dans l'essai de durabilité, le spermacéti et l'huile de lard, employés sur un petit tourillon d'acier, ont donné les résultats suivants :

DURABILITÉ DE L'HUILE DE SPERMACÉTI ET DE L'HUILE DE LARD.
(THURSTON).

Durabilité d'une goutte de 8 milligrammes :
Nombre de pieds parcourus.

Pression par centimètre carré	7kg,030	14kg,060	17kg,575	19kg,329
Spermacéti	7204	7685	7615	7511
Huile de lard. . . .	6797	7139	7090	7008

D'autres huiles de commerce, que l'on trouve sur le marché et que les consommateurs achètent en grande quantité, sans avoir le moyen de les essayer, durent beaucoup moins de temps que le spermacéti ou l'huile de lard; elles ne parcourent qu'une distance beaucoup plus petite. Je puis dire que je n'ai jamais rencontré d'huile qui vaille le spermacéti sous ce rapport.

La « machine pour chemin de fer » a donné les résultats suivants pour le spermacéti et l'huile de lard qui avaient été employés dans une bien plus vaste mesure.

	21kg,090 par cm. carré	32kg,150 par cm. carré
Huile de spermacéti, brute (mètres)	6034m,82	4114,68
Huile de lard, —	3217, 67	2299,49
Les coefficients étaient :		
Spermacéti	0,0046	0,0033
Huile de lard.	0,0059	0,0044

Pour cet essai, le tourillon était en acier très doux : il avait 0 m. 089 de diamètre et 0 m. 178 de longueur ; son mouvement correspondait à une vitesse de marche de 48 km. 279 par heure.

Les expérimentateurs, quand ils essaient de faire de semblables déterminations de la durabilité des lubrifiants dans la pratique journalière, se heurtent à une difficulté sérieuse, qui ne dépend pas de la nature du lubrifiant employé. Un fait important et qu'il faut bien se graver dans l'esprit, c'est que le maximum de durabilité d'un lubrifiant, cette propriété étant comprise comme nous l'avons définie et déterminée, n'a pas nécessairement un rapport défini avec la quantité que l'on use ordinairement quand le travail se fait dans d'autres conditions, ni même avec la quantité alors indispensable.

Ordinairement, on emploie la même quantité de lubrifiants différents, sans se préoccuper de savoir si leur pouvoir lubrifiant est plus ou moins grand, cette quantité étant déterminée par la rapidité avec laquelle les lubrifiants se répandent sur le tourillon, plutôt que par le caractère intrinsèque de ces derniers. Toutes choses égales d'ailleurs, le lubrifiant le plus visqueux se répandra plus lentement, et, par conséquent, semblera durer plus longtemps que le lubrifiant plus liquide ; une graisse durera plus longtemps qu'une huile ; le procédé consistant à appliquer le lubrifiant sur le tourillon fera connaître si la substance essayée fait réaliser des économies ou occasionne des pertes. Ces considérations sont beaucoup plus importantes qu'on ne le pense généralement ; on a reconnu que des trains réguliers, sur les chemins de fer, ont consommé *neuf fois autant de graisse* [1] qu'un train d'essai, à l'alimentation duquel on avait apporté la plus stricte économie.

Il est donc évident que la meilleure manière de procé-

1. *Railroad gazette*, 20 septembre 1878.

der, c'est de déterminer d'abord la valeur du lubrifiant au moyen d'une série d'essais minutieux, aux pressions, vitesses et températures, et avec surfaces frottantes, semblables à celles auxquelles on aura affaire ; on trouvera et on adoptera la méthode qui assurera la plus grande économie. Toutefois, en général, la détermination de la durabilité d'un lubrifiant est comparativement de peu d'importance, dans la pratique journalière, parce que, dans la manière dont on se sert de tel ou tel lubrifiant, on tient rarement compte de sa durabilité ; d'ordinaire, on en emploie utilement ou on en gaspille la même quantité, que son pouvoir de durée soit grand ou petit. La mesure de la valeur réelle d'un lubrifiant consiste donc, comme je l'ai déjà fait remarquer, par le pouvoir qu'il a de réduire le frottement.

Le tableau suivant contient les détails d'un essai dont on a rendu compte à l'arsenal maritime de Brooklyn, dans lequel on a adopté la méthode la moins exacte, mais aussi la moins difficile.

L'huile était mesurée par gouttes. Dans chaque essai, on employait la même quantité : cinq gouttes.

Quand on se trouvait en présence d'un résultat surprenant ou douteux, on recommençait l'expérience jusqu'à satisfaction.

La puissance motrice était fournie par la machine de l'arsenal maritime, et la vitesse de la machine à essais variait suivant le travail qu'avait à faire la machine motrice. C'est ce qui fait que l'on ne prétendait pas arriver à des résultats absolument exacts. On prenait cependant la moyenne de la vitesse qui, en somme, était presque régulière, de sorte que les résultats obtenus peuvent être considérés comme suffisamment exacts pour toutes les comparaisons pratiques que l'on peut avoir à effectuer. On a fait deux séries d'essais : une de trois minutes de durée et l'autre d'une minute, par chaque essai.

Huiles	Essais ayant duré une minute.				Essais ayant duré trois minutes.				
	Nombre de tours	Augmentation de chaleur en unités de degrés centigrades[1]	Coefficient c	Efficacité comparée, le spermacéti ayant la valeur de 100	Nombre total de tours	Par minute	Augmentation de chaleur en unités de degrés centigrades	Coefficient f	Efficacité comparée, le spermacéti ayant la valeur de 100
	a	b	$\frac{a}{b} = c$	h	d	d'	e	$\frac{d}{e} = f$	h'
Spermaceti	1812	24,17	74,9	100	5506	1838,3	45,56	120,9	100
Huile de lard 1re qualité	1790	25,55	70,1	93,2	5741	1913,6	50,00	114,8	95,1
Huile de lard nº 1.	1883	27,78	68,3	90,5	5428	1807	50,00	108,6	89,2
Huile de lard nº 2.	1810	27,78	65,2	87,62	5500	1833	53,33	103,1	85,4

1. Dans le texte anglais, l'augmentation de chaleur était exprimée en degrés F. J'ai cru utile de les convertir en degrés C., et c'est par ce nombre de degrés F que j'ai divisé le nombre de tours, pour obtenir les chiffres de la colonne suivante. De même, naturellement, pour la série des essais de trois minutes. (*Note du traducteur.*)

Les colonnes b et c donnent les résultats exprimés en degrés C. et l'augmentation de température du tourillon, à partir d'une température presque constante de 25°,56 C. à 26°,67 C. L'unité de comparaison est le nombre de tours qu'il a fallu faire pour obtenir chaque degré d'augmentation de température. On obtient le nombre de tours par degré et par minute, en divisant la colonne a par la colonne b qui donne le coefficient de la colonne c $\left(\frac{a}{b} = c\right)$. On obtient le nombre de tours par trois minutes en divisant la colonne d par la colonne e, ce qui donne le coefficient de la colonne f $\left(\frac{d}{e} = f\right)$.

Les colonnes h et h' donnent la comparaison de l'efficacité, celle du spermacéti servant de base et ayant la valeur 100.

Il est à peine besoin de rappeler ici que le rapport de la chaleur développée au nombre de tours fait ou à la distance parcourue n'a pas un rapport nécessaire et défini avec la réelle durabilité de l'huile.

75. — *Valeur commerciale des lubrifiants.* — La valeur réelle d'un lubrifiant, pour l'industriel qui l'emploie, est une qualité assez difficile à déterminer, puisque, en réalité, cette valeur dépend, non, comme on l'admet généralement, de son pouvoir relatif de réduire le frottement et de sa durabilité, mais de la force que son emploi économise. Cette valeur varie, suivant les circonstances, et est affectée par chaque changement dans les conditions du travail.

La valeur commerciale, comme dans toutes les opérations du commerce, est déterminée par la loi de l'offre et de la demande qui, ordinairement, si on lui laisse le temps d'agir, établit les prix dans une proportion correctement relative, mais non pas rigoureusement, suivant les valeurs réelles. C'est un fait général que, pour le consommateur, le produit le moins cher est aussi le meilleur, et il est probable que c'est cette règle que l'on applique presque toujours quand on achète les lubrifiants. Il arrive fréquemment que le consommateur a plutôt intérêt à employer un article d'un prix élevé que d'accepter, à un prix réduit, une marchandise de qualité inférieure.

On peut calculer *une valeur approximative* permettant de comparer les huiles, si l'on prend pour base l'hypothèse que leur valeur marchande est en proportion de leur durabilité et en raison *inverse* du coefficient de frottement. Ainsi, supposons que nous employions deux huiles différentes : une pendant dix minutes et l'autre pendant cinq minutes, sous la même pression de 7 kg. 030 par centimètre carré, et que nous les soumettions à la même vitesse ; supposons, de plus, que l'une donne 0,10 pour coefficient de frottement et l'autre 0,06.

Leurs valeurs relatives pourront être évaluées $\frac{10}{10} = 1$ et $\frac{5}{6} = 0,833$. Si la première vaut 5 fr. 41, la seconde vaudra 4 fr. 51.

Dans beaucoup de cas cependant, il pourrait se faire que le graisseur employât la même quantité, quelle que soit la sorte d'huile qu'il ait à sa disposition, et les valeurs de ces huiles pour le consommateur seraient en raison inverse des valeurs de leurs coefficients de frottement, c'est-à-dire, dans le cas ci-dessus, comme 6 est à 10, ce qui donnerait à la seconde une valeur de 9 fr. 41 et ce qui montrerait qu'il vaudrait mieux employer la dernière à un peu moins que le prix ci-dessus que la première à 5 fr. 41.

Si j'ai été amené à employer ce mode de comparaison dans mes rapports sur la valeur des lubrifiants que l'on m'envoie à essayer, c'est simplement parce qu'en général les marchands et les consommateurs le considèrent comme exact, et parce que l'on n'a pas trouvé de meilleure manière d'évaluer approximativement le prix marchand.

La différence réelle des valeurs de tel et tel lubrifiant pour tout consommateur peut néanmoins être déterminée, dans n'importe quel cas donné, quand on connait exactement le prix de la force motrice, quand on a trouvé la quantité de chacun de ces divers lubrifiants, nécessaire pour faire le même travail, et que l'on possède leurs divers coefficients de frottement.

Pour le consommateur, qui compare ensemble deux lubrifiants, la mesure de la différence entre leur valeur réelle est le prix de la différence des quantités de force dépensées pour faire fonctionner la machine, quand elle est graissée en premier avec l'un et ensuite avec l'autre des deux lubrifiants.

Comme la force motrice est ordinairement beaucoup plus coûteuse quand on n'en développe qu'une petite quantité que lorsqu'on l'obtient en grand, l'économie que l'on obtiendra par l'adoption d'un bon lubrifiant sera d'autant plus grande que la quantité de travail à effectuer sera moindre. Dans les grandes usines, et partout où le travail se fait sur une très grande échelle, la dépense par cheval-vapeur et par année peut être évaluée exactement à environ 200 fr., tandis que, pour des machines moins puissantes, la dépense est double et même triple et quadruple.

Autant de fois que, dans le cours d'une année, on économise un cheval-vapeur, par l'emploi de meilleurs lubrifiants ou d'un meilleur système de lubrification, autant de fois on réalise une économie annuelle de 200 fr. et même davantage ; la différence entre cette dépense et le prix supérieur du nouveau lubrifiant représente le bénéfice annuel produit par le changement.

Il pourrait arriver, comme cela s'est présenté quelquefois, que le meilleur lubrifiant fût aussi le moins cher : on a de la sorte un profit supplémentaire dont la mesure est la différence des prix d'achat.

Dans une petite usine ou pour une machine qui emploie la force d'une centaine de chevaux, un changement dans le lubrifiant peut souvent procurer une économie moyenne de cinq chevaux-vapeur et, par conséquent, une économie annuelle d'environ 2000 fr. En pareil cas, la quantité totale d'huile employée peut dépasser 454 litres (100 gallons), mais il peut arriver aussi qu'elle se borne à 182 litres [1].

En pareille circonstance, le consommateur ferait mieux de payer une bonne huile 25 fr., *ou peut-être même* 62 fr. 50, *par* 4 litres 5, *que d'employer un lubrifiant de qualité inférieure qu'on lui donnerait pour un prix moindre.*

M. L.-E. Danton s'est donné la peine d'appliquer ces principes à un cas qui se présente souvent dans l'exploitation des chemins de fer.

Soit :

Q la quantité du lubrifiant, employée exprimée en gallons ;

Q' la quantité d'un autre lubrifiant en gallons ;

P le prix réel de l'une des huiles par gallon ;

P' le prix convenable de la seconde huile par gallon ;

R la distance parcourue par gallon ;

R' la distance parcourue par gallon ;

1. Nous n'avons, pour ce paragraphe et les suivants, rien modifié aux chiffres donnés par l'auteur, qui sont ceux du cours des huiles et graisses aux États-Unis et dont les prix, variables du reste, ne sont les mêmes sur aucun marché.

F le combustible brûlé, pour le train, avec la première huile ;

F' le combustible brûlé, pour le train, avec la deuxième huile ;

c le coût du combustible ;

f et f' les coefficients de frottement ;

r le rapport de la résistance totale du train à celle de l'axe de frottement.

Si l'on employait la première huile, la dépense serait :

$$Qp + \frac{cF}{r} ;$$

avec la seconde, elle serait :

$$\frac{R}{R'} Qp' + \frac{f'}{f} rcF.$$

Par suite,

$$Qp + rcF = \frac{R}{R'} Qp' + \frac{f'}{f} rcF,$$

et,

$$p' = \frac{Qp + rcF - \frac{f'}{f} rcF}{\frac{R'}{R}}$$

Soient m et m' les valeurs par gallon et par mille que le train parcourt ; on a :

$$\frac{p'}{p} = \frac{m}{m'}$$

et,

$$m' = \frac{mp}{p'}.$$

L'huile de lard pure est celle que l'on fera bien de prendre comme type de comparaison pour les chemins de fer.

Dans des expériences faites récemment sur un des grands chemins de fer des États-Unis, on a employé, en été, de l'huile de lard pure, et en hiver du spermacéti de première qualité, sur des trains de marchandises : un homme était chargé uniquement du soin de la lubrification. On a obtenu ce résultat de pouvoir augmenter d'environ dix pour cent le nombre de voitures, et d'assurer une bien plus grande régularité dans le service. L'économie réalisée sur le prix de transport était égale à deux fois le prix de l'huile et de la main d'œuvre.

Dans une autre circonstance, on avait payé une huile cinquante pour cent plus cher qu'une autre ; on a trouvé que l'huile du prix le plus élevé était encore bien meilleur marché que l'autre, en raison de l'économie réalisée rien que sur l'échauffement des essieux [1].

76. — *Emploi des formules précédentes.* — Il y a trois sortes de calculs que l'ingénieur a souvent l'occasion de faire, et pour lesquels il a besoin de ces formules.

1° Il a besoin de connaître l'effort qui est nécessaire pour mettre en mouvement un corps lourd, quand celui-ci repose sur une surface lisse.

2° Il a besoin de connaître quelle est la force qui maintiendra en mouvement un corps une fois lancé.

3° Il faut encore qu'il recherche combien de chevaux-vapeur, ou quelle fraction de force de cheval sera annulée par le frottement dans des conditions connues.

Pour déterminer la force nécessaire pour la mise en mouvement, ce par quoi il faut commencer, nous multiplierons simplement le poids total, ou la pression qui maintient en contact les surfaces de frottement, par le

1. *Railway world*, 1875.

coefficient spécial de frottement, tel que le donnent les tables relatives à ce cas. Ainsi, supposons qu'un poids ou une pression de 906 kg. 800 (2000 livres) pèse sur des surfaces ayant 25 cm² 80 (4 pouces carrés) de contact, la pression totale est de 906 kg. 80 (2000 livres) ; la pression par centimètre carré est $\frac{906,800}{25,80} = 35$ kg. 14 (500 livres). Si l'on emploie du spermacéti et que les surfaces soient en bon métal, comme dans le deuxième tableau de coefficients, le coefficient sera 0.15 ou 15 pour cent. La résistance au mouvement sera donc,

$$200 \times 0,15 = 300 \text{ livres.}$$

Pour la seconde question, les conditions restent les mêmes, avec cette différence que ce que nous voulons obtenir c'est la résistance quand le corps est en mouvement ; nous trouvons que le coefficient est de 0.004 ou quatre dixièmes pour cent. La résistance résultant du frottement, pendant que le corps est en mouvement, sera donc de $2000 \times 0.004 = 8$ livres.

Pour la dernière question, il s'agit de déterminer en chevaux-vapeur, la perte, le travail perdu par le frottement.

Pour obtenir le « travail », ce mot étant pris dans le sens scientifique et étant considéré, par conséquent, comme le produit de la résistance par la distance sur laquelle cette résistance est vaincue, ou pour obtenir le travail comme on le mesure ordinairement, on peut employer une série de règles que je donnerai dans le même ordre, et presque dans les mêmes termes que ceux adoptés par Clark [1].

Dans les formules que je vais indiquer,

P = le poids ou la pression totale,

1. *Manual of rules, tables and data.*

F = le coefficient de frottement,
s = l'espace sur lequel s'exerce le frottement,
t = le temps en minutes,
v = la vitesse de frottement en mètres par minute,
R = le nombre de tours par minute,
U = le travail en kilogrammètres,
H P = le cheval-vapeur,
d = le diamètre du tourillon,
r = le rayon du tourillon,
l = la longueur du tourillon.

PERTE DE TRAVAIL, RÉSULTANT DU FROTTEMENT

1° Surfaces unies $U = fPs$;
2° Tourillon cylindrique par tour, $= 0{,}26\ fPd$;
3° Pivot cylindrique (extrémité) $= 0{,}175\ fPd$.

FORCE DE CHEVAL PERDUE EN FROTTEMENT

1° Surfaces unies, H. P. $= \dfrac{fPv}{33000}$

2° Tourillon cylindrique $= \dfrac{fPRd}{127000}$

3° Pivot — $= \dfrac{fPRd}{189000}$

77. — *Conclusions*[1]. — En étudiant les faits énoncés ci-dessus et les données que nous avons acquises au moyen de plusieurs centaines d'expériences faites sur l'une ou l'autre des machines à éprouver les lubrifiants, que nous avons décrites, nous pouvons récapituler les faits et les chiffres pour l'usage courant des projets de machine, sous

1. Voir *Transactions of the American Institute of Mining Engineers*, 1878, et *Journal of the Franklin Institute*, novembre 1878.

le rapport de l'estimation des pertes de force résultant du frottement.

1° La grande cause de variation, avec des tourillons bien entretenus, c'est le changement de pression ; nous avons vu, en effet, que, dans les limites de ces expériences, les plus fortes pressions sont celles qui, proportionnellement, occasionnent les moindres pertes de force par le frottement.

2° On a vu que le coefficient de frottement est modifié dans une large mesure par l'état des surfaces de frottement ; et on ne saurait insister trop fortement sur la nécessité qu'il y a de maintenir les tourillons dans un parfait état d'entretien. Une simple éraillure a pour résultat une perte de force. La surface d'un tourillon devrait être aussi unie et aussi absolument régulière que celle d'un miroir. Telle est la surface d'un tourillon bien entretenu.

3° En thèse générale, on peut obtenir, d'une manière suffisamment exacte, la valeur du coefficient en divisant 0,08 à 0,10 par la racine carrée de la pression par pouce carré, c'est-à-dire que $f = \frac{0,10}{\sqrt{p}}$.

On admet alors que f est la fraction de la résistance totale, qui mesure la résistance provenant du frottement.

4° Le coefficient de repos ou de mise en marche peut également être considéré comme valant 0,02 de la racine cubique de la pression, c'est-à-dire $f = 0,02 \sqrt[3]{p}$ pour le spermacéti et l'huile minérale crue, de bonne qualité, et, 0,015 de la racine cubique $f = 0,015 \sqrt[3]{p}$ pour l'huile de lard. Pour les évaluations plus exactes, il faut se reporter aux tableaux que nous avons donnés plus haut. On peut admettre que chaque sorte de lubrifiant a son propre coefficient et son exposant particulier dans l'expression $f = cP$.

5° Le coefficient, pour le moment d'arrêt, dans les mêmes conditions que celles que nous avons déjà données, est presque constant, et peut être évalué à 0,03.

6° La résistance, résultant du frottement, varie avec la vitesse ; elle décroit rapidement aux très petites vitesses, telles que 0,30 à 3 mètres par seconde, quand celles-ci augmentent. Elle décroit lentement quand on atteint de plus grandes vitesses, jusqu'à ce que la loi change, et que, aux températures ordinaires, il y ait augmentation, mais dans une très petite proportion, d'un bout à l'autre de toute la série de vitesses de frottement adoptées pour les machines.

A une pression de 200 livres par pouce carré (14 kg. 06 par centimètre carré) on peut adopter la valeur suivante $f = 0,0015 \sqrt[5]{v}$.

7° Avec changement de pression et de vitesse, on peut considérer comme approximativement exactes les valeurs comprises entre :

$$f = 0,02 \frac{\sqrt[5]{V}}{\sqrt{P}} \text{ et } f = 0,03 \frac{\sqrt[5]{V}}{\sqrt{P}}$$

8° Quand les tourillons s'échauffent, dans les conditions que nous avons indiquées, il en résulte que le frottement *augmente* en proportion du carré de la chaleur jusqu'aux environs de 32° C. 22 à 37°,78 et aux petites vitesses de 9 à 30 mètres par minute ; tandis que, à de plus grandes vitesses, l'effet contraire se produit et le coefficient *diminue* à peu près comme la racine carrée de l'élévation de la température.

Dans les conditions que l'on rencontre ordinairement dans les machines, le changement s'opère selon la méthode de permutation.

9° La température (en degrés F) du minimum de frottement, dans les conditions de ces expériences, est approximativement $t = 15\sqrt[3]{r}$ pour une pression d'environ 14kg.06

10° Pour déterminer la durabilité d'un lubrifiant, on observe la quantité qu'on en consomme en l'employant sur un bon tourillon que l'on soumet à la pression et à la vitesse qu'il doit supporter.

L'économie qui résultera de l'emploi d'un lubrifiant dépendra de ses qualités naturelles, de son degré de fluidité et de sa capillarité tout aussi bien que de sa valeur intrinsèque de durabilité, et de la méthode d'alimentation. Les graisses sont donc ordinairement plus économiques que les huiles, lors même que les premières auraient une moindre durabilité.

11° La seule manière de trouver la valeur véritable d'un lubrifiant et la possibilité de l'employer dans les arts est de le soumettre à un essai pour déterminer sa puissance de réduction de frottement, et ses autres qualités, non seulement à la pression et à la vitesse normales, et aux températures ordinaires, mais aussi en déterminant les changements qui se produisent dans le frottement et dans la durabilité, lorsqu'on fait varier la température, la vitesse et la pression, de toute l'étendue des variations que l'on est à même de rencontrer dans la pratique ordinaire.

12° La valeur réelle d'une huile pour le consommateur n'est pas uniquement proportionnelle à son pouvoir de réduire le frottement et sa durabilité dans les conditions de son travail habituel ; mais, pour lui, cette valeur doit être appréciée par la différence entre : d'une part, l'économie qu'il réalise sur le prix de la force motrice, par l'emploi des divers lubrifiants, et, d'autre part, le coût total de l'huile ou de la graisse employées ; mais, pour l'usage courant du commerce, il ne paraît pas y avoir de meilleure méthode pour apprécier la valeur d'un lubrifiant que celle que j'ai adoptée, et d'après laquelle leur valeur marchande, proportionnelle à leur durabilité, est divisée par leur coefficient de frottement.

Ordinairement, le consommateur trouvera de l'économie à employer le lubrifiant qu'il a reconnu avoir les qualités requises pour l'usage qu'il en veut faire, sans regarder au prix, et souvent il réalisera une économie réelle en employant les meilleurs matériaux, ce qui lui permettra de retrouver et même de compenser plusieurs fois l'excédent de dépense.

13° Pour obtenir le maximum d'économie, il faudra soumettre le tourillon à une pression déterminée par la formule de Rankine ou par celle de Thurston (art. 28) ; les surfaces de frottement devront être composées de matériaux de choix ; elles devront être amenées à la forme la plus parfaite et être aussi douces que possible ; on choisira le lubrifiant qui s'adapte le mieux aux conditions précises, adoptées ; le lubrifiant devra être versé au fur et à mesure des besoins et par la méthode la plus appropriée au corps gras que l'on aura adopté.

Les lubrifiants demi-liquides, s'ils sont bons réducteurs de frottement, sont ordinairement les plus économiques, parce que leur écoulement se régularise automatiquement selon que les parties frottantes chauffent plus ou moins, pendant le fonctionnement de la machine.

Jusqu'à la limite de l'échauffement, on obtiendra le maximum d'économie, en employant la proportion minima admissible, mais à condition que l'alimentation se produise avec une régularité absolue.

TABLE DES MATIÈRES

Laval. — Imp. et Stér. E. JAMIN, 8, rue Ricordaine.

www.ingramcontent.com/pod-product-compliance
Ingram Content Group UK Ltd.
Pitfield, Milton Keynes, MK11 3LW, UK
UKHW022020170726
13837UKWH00001B/300

9 782329 217956